高职高专计算机系列规划教材

Flash 动画设计

（第 3 版）

郑　芹　主编

电子工业出版社
Publishing House of Electronics Industry
北京·BEIJING

内 容 简 介

本书详尽介绍 Flash CS6 的图形绘制、动画设计方法和技巧等。全书共 13 章，兼顾案例制作介绍和理论知识点介绍。以案例操作介绍为主线，将课程知识点解构到所有的案例之中，各章均融合基本项目操作、理论知识介绍、拓展案例练习、实训操作和习题五个要素。项目案例力争涵盖知识点广、新颖、趣味、综合、实用，旨在帮助读者全面、系统地掌握 Flash 关键技术和设计技巧。本书提供所有项目案例的源文件、素材文件和效果文件及 PPT 教案。本书图文并茂，结构清晰，案例丰富、实用。

本书适合作为高等、中等职业院校相关专业的教材。

图书在版编目（CIP）数据

Flash 动画设计/郑芹主编. —3 版. —北京：电子工业出版社，2015.11

高职高专计算机系列规划教材

ISBN 978-7-121-27087-1

Ⅰ．①F⋯ Ⅱ．①郑⋯ Ⅲ．①动画制作软件－高等职业教育－教材 Ⅳ．①TP391.41

中国版本图书馆 CIP 数据核字（2015）第 207871 号

策划编辑：吕　迈
责任编辑：郝黎明　　特约编辑：张燕虹
印　　刷：北京盛通商印快线网络科技有限公司
装　　订：北京盛通商印快线网络科技有限公司
出版发行：电子工业出版社
　　　　　北京市海淀区万寿路 173 信箱　邮编　100036
开　　本：787×1092　1/16　印张：19.5　字数：500 千字
版　　次：2008 年 2 月第 1 版
　　　　　2015 年 11 月第 3 版
印　　次：2021 年 7 月第 7 次印刷
定　　价：42.00 元

▍前　　言▍

Flash CS6 是一款强大的二维动画设计软件。通过它，可以设计动画短片、Flash MTV、交互式游戏、网页、教学课件等。

"本书特色"

本书以 Flash CS6 软件为载体，以项目案例制作介绍为主线进行组织；兼顾案例制作介绍和理论知识点介绍。各章首先以项目案例制作介绍切入，然后系统介绍相关理论知识和总结制作技巧，最后介绍相应的提高拓展的案例；各章后均安排实训要求和操作及习题。本书思路清晰，循序渐进，不仅便于教师排课、备课和授课，而且还利于读者使用。

- 项目案例操作：将每章知识点解构到综合而实用的项目案例制作中进行介绍。项目案例涵盖知识点广，内容科学合理，具有代表性，凝聚编者多年的教学经验和设计技巧；读者在完成项目制作之后，也掌握了相应的技术和技巧，真正让读者学以致用。
- 理论知识介绍：在每章的项目案例之后，均有系统的相关理论知识介绍。该部分对各任务中涉及的重要知识和制作技巧加以总结，通过该环节，读者能够将前面从案例中获取的经验和技巧系统化和理论化，更利于指导后续的操作和对知识的灵活掌握。
- 拓展练习：在每章的理论知识介绍之后，均设置和安排了针对性的拓展项目的操作介绍，旨在进一步帮助读者对所学知识进行拓展提升，以期能够综合灵活应用。
- 实训操作：在每章后还设计安排配套的实训要求和实训案例，以启发思维，培养创新能力和创意能力。
- 习题：各章最后均有相关内容的理论习题，以帮助读者更好地系统掌握知识点。

"本书的资源"

本书配套的资源如下：所有的项目案例源文件、播放文件、素材；所有实训案例、播放文件、素材；PPT 教案。所有资源请到电子工业出版社网站（www.hxedu.com.cn）下载。

"学习本书的软件环境"

本书介绍的案例操作环境是 Flash CS6，但是 Flash 软件具有向下兼容的特点，因此，如果各位读者使用 Flash CS6 或更早以前的版本，均能使用本书进行学习。

"与编者沟通方式"

本书由郑芹主编。其他参编人员有：张枝、白利、江南、赵湘纹、林丽芬、汪玉婷、张超峰、林武、林农、余新华、刘君玲、周素青、林嘉燕。

由于水平和时间有限，书中难免有不妥之处，恳请读者批评指正，提出宝贵建议，在此万分感谢！编者的邮箱是 LN925@sina.com。

编　者

2015 年 6 月

目　录

CONTENTS

第 1 章

Flash CS6 概述和简单影片的操作

⏩ 1.1 项目 1 制作网络表情

1.1.1 任务 1：绘制图形和制作动画

一、任务说明

本案例是使用 Flash 制作的一个网络表情，通过该案例的制作，旨在向读者介绍 Flash CS6 应用程序的基本动画制作和应用，其效果如图 1.1 所示。

图 1.1 QQ 表情

二、任务步骤

1. 打开 Flash CS6 应用程序，进入其初始窗口，如图 1.2 所示。单击其中的"ActionScript 3.0"菜单项，新建一个 Flash 文档。

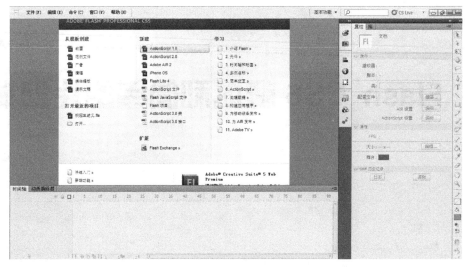

图 1.2 初始窗口

2．单击菜单项"修改"/"文档"，弹出"文档设置"对话框，如图 1.3 所示。在其中设置场景尺寸宽"100 像素"，高"100 像素"，背景颜色为"白色（#FFFFFF）"，帧频为"24.00fps"，单击"确定"按钮，关闭该对话框。

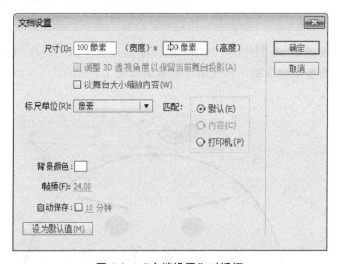

图 1.3 "文档设置"对话框

3．选中图层 1 的第 1 帧，选择"工具"面板中的椭圆工具，在其"属性"面板中设置填充颜色为白色，笔触颜色为黑色，笔触样式为实线，笔触大小为"1"。将鼠标移到舞台中，绘制一个椭圆，其位置一半位于舞台中，另一半位于视图区中，如图 1.4 所示。

4．使用直线工具，沿舞台下边缘画一条直线，如图 1.5 所示

5．选择下方的半圆弧、直线和半圆填充区域，将它们都删除。

6．选择椭圆工具，设置填充颜色为黑色，取消笔触颜色，绘制两个椭圆用作眼睛。选择直线工具，设置填充笔触颜色为黑色，实线，笔触大小为 4，绘制两条斜线，用作眉毛，如图 1.6 所示。

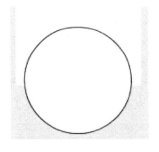

图1.4　绘制的图形

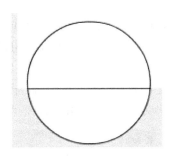

图1.5　绘制直线

7．选择椭圆工具，设置填充颜色为粉红色，取消笔触颜色，绘制两个椭圆用作脸上腮红。

8．使用"工具"面板中的铅笔工具，设置笔触颜色为黑色，实线，笔触大小为 4，绘制鼻子，如图1.7所示。

图1.6　绘制眼睛、眉毛

图1.7　绘制腮红、鼻子

9．绘制一个小嫩芽。使用椭圆工具，绘制两个小椭圆用作小叶子；并使用铅笔工具，在两个绿色的小椭圆的中间绘制一个小柄。

10．使用文字工具 **T**，在图形的右上方输入一个问号"？"，如图1.8所示。

11．选中该图层的第 15 帧，按 F6 功能键插入关键帧；选中该帧，将舞台中的眼睛和眉毛图形删除，使用直线工具，绘制"<"和">"图形取代。将"？"图形删除，绘制一个小菱形，如图1.9所示。

图1.8　绘制嫩芽和输入"？"

图1.9　改变眼睛和问号图形

12．选中第 1 帧，右击，在弹出的快捷菜单中选择"复制帧"，再选择第 30 帧，右击，在弹出的快捷菜单中选择"粘贴帧"，将第 1 帧复制到第 30 帧。时间轴如图1.10所示。

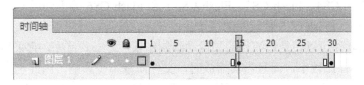

图1.10　时间轴面板

13．该案例制作完成。单击菜单项"文件"/"保存"，保存该文件。

14．单击菜单项"控制"/"测试影片"/"在 Flash Professional 中"，测试影片，观察效果。

15．单击菜单项"属性"/"导出影片"，弹出"导出影片"对话框，如图 1.11 所示。在其中的"文件名"中输入文件名，在"保存类型"中选择"GIF 动画"，单击"确定"按钮，即可将文件导出为 GIF 动画，就可以在网络交友平台中发送给朋友了。

图 1.11　导出为 GIF 动画

1.2　项目 2　熟悉 Flash CS6

1.2.1　任务 1：熟悉 Flash CS6

一、Flash CS6 的产生和发展

Flash 的前身是 FutureWave 公司的 FutureSplash。1997 年，Macromedia 公司收购 FutureSplash 后，先后推出 Flash 2、Flash 3、Flash 4、Flash 5、Flash MX、Flash MX 2004 和 Flash 8 这些版本。2005 年 4 月，Adobe 收购 Macromedia 公司之后至今，又陆续推出 Flash CS3、Flash CS4、Flash CS5、Flash CS5.5 和 Flash CS6 等不同版本，其功能不断完善和加强。目前，Flash CS6 是较新的版本。

Flash 应用软件可以说是最流行的矢量动画制作软件之一。首先，它采用矢量动画的概念。矢量图形文件比较小，而且当其缩放时，文件质量不受影响，因此利用它可以制作适合在网络上播放的动画，极大地满足了广大互联网浏览者和制作者的需要，因而广为流传。

其次，它集成了绝大多数的多媒体格式。可以不用借助插件或其他软件，而直接将矢量图形（Illustrator、FreeHand 等文件）、位图图像（GIF、PNG、JPG、TIFF 等文件）、声音（WAV、MP3、AIF 等文件）、视频（AVI、MOV、MEPG 等文件）导入其中，并可以进行适当编辑，从而制作出声情并茂的动画作品。

最后，它采用了时间轴、关键帧和图层的概念，使得动画的制作很容易理解。不管是 Flash 的初学者或是设计专业的高手，只要通过短时间的学习，就可以制作出精彩的作品。

当今，特别是继 Flash CS5.5 版本之后，新增的对手机端的技术支持，使 Flash CS6 可以直接输出手机的应用程序。在日益蓬勃发展的手机动画和游戏软件的开发中，Flash 应用软件同样也具有巨大的优势和广泛的应用空间。

二、Flash CS6 的应用

Flash 是一款流行和应用均很广的软件。首先，它是一款动画制作软件，由于其强大的动画功能，应用它可以开发设计动画作品。其次，它允许嵌入 ActionScript 动作脚本，它也结合了绘图、动画和编程功能，从而还可以开发设计交互式动画作品和游戏等。特别是随着 Android 手机操作系统和智能手机的全面普及和使用，Flash 在桌面领域和移动平台上的应用和开发，将会更大有作为。

应用 Flash 可以制作网站的广告，如打开一些门户网站，就可以看到其中有很多用 Flash 制作的广告；应用 Flash 还可以制作电子贺卡、制作电视广告、创作二维动画片，若配合乐曲进行动画创作，还可以制作 Flash MV。再者，它还有强大的交互功能，所以应用它还可以制作站点的导航或者将整个网站都用 Flash 来设计。除此之外，在教学领域，还可以用 Flash 来开发教学课件或多媒体客户端软件等。

1．动画作品

在电视或者网络上，我们经常可以看到使用 Flash 设计制作的动画作品，现在这已经形成了一个文化和产业。如图 1.12 所示的是使用 Flash 设计制作的动画作品《神勇火柴人》。

2．影视公益广告

在电视中常常会看到使用 Flash 设计的某个主题的公益广告，如图 1.13 所示的是倡导文明交通的影视公益广告。

图 1.12　动画作品　　　　　　　　　　　　图 1.13　影视公益广告

3．网页广告

在网络上，特别是在一些门户网站中，大量地利用 Flash 制作二维动画广告。如图 1.14 所示的是某甜点购物网站的网页广告。

4．电子贺卡

在网络平台上，可以使用 Flash 设计制作动态电子贺卡，如图 1.15 所示。

图 1.14　网页广告　　　　　　　　　　　图 1.15　动态电子贺卡

5．网页设计

Flash 软件还可以用来开发设计纯 Flash 的网站，如图 1.16 所示。

图 1.16　用 Flash 开发的网站

6．网站封面

有一些网站常常会使用 Flash 在主页之前开发网站封面，如欢迎页面或者引导页面。

如图 1.17 所示的是一个网站的封面。

图 1.17　网站封面

7．网站导航

Flash 还可以用于设计制作网站的标志，即 Logo；或者设计网页的导航。如图 1.18 所示的是一个 Logo。

图 1.18　Logo

8．音乐 MV

Flash 还可以用来设计制作音乐 MV，如图 1.19 所示。

9．网络表情

使用 Flash 可以开发设计很多网络社交平台上趣味横生的网络表情，如图 1.20 所示。

图 1.19　音乐 MV

图 1.20　QQ 表情

10．多媒体教学课件

Flash 还可以用于开发设计教学课件，其体积较小、表现力强。如图 1.21 所示的是一个英语教学课件。

图 1.21　英语教学课件

11．夜景工程项目的设计

近年来，一些广告公司或灯饰公司在承接夜景工程项目设计时，为了便于与客户沟通，常常也使用 Flash 来预先策划方案与设计效果，如图 1.22 所示。

图 1.22　夜景工程项目方案的设计

12．小游戏

Flash 支持动作脚本，因而可以制作出一些妙趣横生的小游戏，而且由于 Flash 游戏体积小，一些手机厂商也已在手机中嵌入 Flash 游戏。如图 1.23 所示的是一个五子棋小游戏。

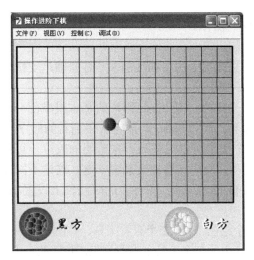

图 1.23　五子棋小游戏

1.2.2　任务 2：Flash CS6 的工作界面

安装 Flash CS6 之后，单击菜单项"开始"/"程序"下的 Adobe Flash Professional CS6，就启动了该程序，该程序运行后首先进入初始界面，单击其中的"ActionScript3.0"或者"ActionScript2.0"就可以进入 Flash CS6 窗口，如图 1.24 所示。

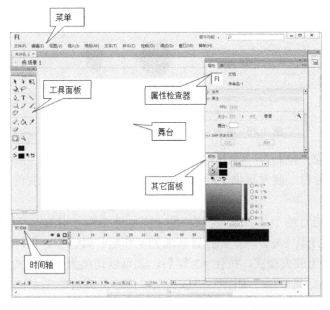

图 1.24　Flash CS6 窗口

Flash CS6 窗口结构

1．菜单
菜单栏部分有 11 个菜单，其中包含 Flash CS6 的大部分操作命令，可以从中选择不同的菜单命令，完成不同的操作。

2．时间轴

时间轴上最主要的部分是帧、图层和播放头。时间轴是安排和控制帧的排列并将复杂动作组合起来的窗口。

帧：是时间轴上的一个小格，是 Flash 影片的基本组成部分，一般放置在图层上。一幅静态的画面就是一个单独的帧，Flash 是按照从左到右的顺序播放帧的。

图层：Flash 中的一个图层可以理解为一张透明的胶片。可以将不同的内容放置在不同的图层上，图层从上到下，一层一层地叠加在一起，这样不同图层上的内容就会叠加在一起。但每个图层都有各自的时间轴，在各自的时间轴上设置动作是互不干扰的。

3．"工具"面板

"工具"面板包含 16 个绘图工具、2 个查看工具、5 个颜色按钮，以及其中的"选项"栏部分。只要将鼠标指针在其中的某个工具上停留片刻，指针的下方就显示出该工具的名称。

4．舞台

图中默认的白色区域部分就是舞台，舞台是编辑和测试播放 Flash 影片内容的地方，舞台边缘的灰色区域为工作区。

（1）只有舞台中的内容是可见的。虽然也可以在灰色的工作区域对 Flash 影片内容进行操作，但是在 Flash 影片播放时，该区域中的内容是不可见的。例如：

① 选择"工具"面板中的"椭圆工具" ◯，同时在舞台和灰色的工作区中用鼠标分别绘制一个圆，如图 1.25 所示。

图 1.25　在舞台和灰色工作区中各绘制一个圆

② 单击菜单项"控制"/"测试影片"。

③ 在测试影片时，就发现位于舞台中的圆是可见的，而位于灰色工作区中的圆却没有显示出来。

（2）舞台可以进行缩小或者放大，这样便于更好地对舞台中的内容进行操作。选择"工具"面板中的缩放工具 🔍，将鼠标指针移动到工作区和舞台中，指针就显示为放大或者缩小模式。若当前为放大模式，按住 Alt 键后，就可以切换为缩小模式了，反之亦然。舞台的缩放还可以选择菜单项"视图"/"放大"、"缩小"或者"缩小比率"来操作，也可以选择"时间轴"面板右端的"缩小比率"来调整。

（3）舞台可以移动。有时候，舞台放大后，舞台中的内容往往会看不全，这时就需要移动舞台来查看舞台中的其他内容。单击"工具"面板中的手形工具，然后在舞台上拖动鼠标，便可以平移舞台了。

（4）在舞台上显示网格，便于对舞台上的对象进行定位。选择菜单项"视图"/"网格"/"显示网格"，就可以显示网格线，如图 1.26 所示。单击菜单项"视图"/"网格"/

"编辑网格"可以设置网格的大小和颜色等。

5．属性检查器

单击菜单项"窗口"/"属性"可以打开"属性"面板。"属性"面板是浮动面板，一般位于窗口的右边，也可以将其拖动到窗口中的任意位置。

（1）"属性"面板。"属性"面板显示的是所选对象的属性，其内容是随着所选对象的不同而变化的，如图1.27所示。

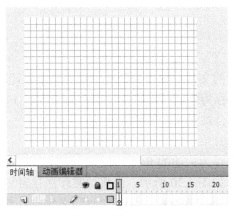

图1.26　在舞台上显示网格　　　　　　　　图1.27　"属性"面板

（2）"库"面板。"库"面板可以存储导入的位图、音频和视频、矢量图和创建各种元件，如图1.28所示。

6．其他面板

Flash中还有很多其他面板，如："颜色"面板、"对齐"面板等。单击"菜单项"窗口，在其下拉菜单中单击要打开的面板名称的菜单项，即可打开面板；如果要关闭该面板，则再次单击该菜单项并去除前面的选中。"颜色"面板如图1.29所示。

图1.28　"库"面板　　　　　　　　图1.29　"颜色"面板

单击"颜色"面板左边的分隔线上的"折叠按钮" ▼ 可以折叠面板；拖动面板上的分隔栏可以调整面板大小；在面板名称上方的空白部分按住鼠标不放，可以移动面板到窗口的任何位置。

1.2.3　任务3：Flash CS6 的文件操作

一、新建文件

单击菜单项"文件"/"新建"，弹出的"新建文档"对话框；在该对话框中的"常规"选择卡中选择所需要的文档类型，便可以创建新文档。也可以在"初始页面"中选择"创建新项目"下的所需项目来创建新文档。

二、文件的保存

1．将源文件保存为.fla 格式

创建 Flash CS6 文档可以保存为多种类型的文件。如果是开发者单独开发设计，单击菜单项"文件"/"保存"或者"文件"/"另存为"就可以将文件保存为一般的 Flash 文件，选择其格式为.fla 类型。该类型的文件适合供设计者做独立开发。

2．将源文件保存为.xfl 格式

在 Flash CS6 中，制作好的源文件除了保存为上述的.fla 格式之外，还可以保存为.xfl 格式，这是 Flash CS6 新增的文件保存格式，如图 1.30 所示。当将源文件保存为.xfl 类型时，即将源文件保存为一个文件夹的类型，在该文件夹中，除了含有同文件主名.fla 文件之外，还含有多个文件及子文件夹。

图 1.30　将源文件保存为.xfl 格式

例如，当保存源文件时，将文件主名指定为"QQface"，即在保存位置处生成一个名称为"QQface"的文件夹。在该文件夹中，就包含 QQface. fla 和其他一系列的 xml 文件及其他文件，如图 1.31 所示。其中，DOMDocument.xml 文件是整个项目文件的核心，在该文件中，包含文档的信息，如时间轴、动作和补间路径等。引入.xml 源文件，适用于团队协作，团队中的开发人员只要修改 xml 文件，就可以修改 Flash 文件。

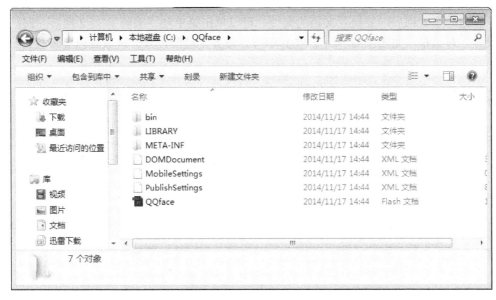

图 1.31　将源文件保存为 xml 类型后生成的文件夹

三、文件的打开

单击菜单项"文件"/"打开"，可以将该文件在工作窗口中打开，继续编辑。单击菜单项"文件"/"打开最近的文件"，可以在打开的列表中选择最近使用过的文件将其打开。

四、文件的关闭

单击菜单项"文件"/"关闭"，可以将当前文件关闭。

五、文件的测试

在完成一个.fla 的 Flash 文档制作后，往往需要预览该影片的效果。可以单击菜单项"控制"/"测试影片"，在弹出的下拉菜单中选择进行测试。如图 1.32 所示。或者按键盘上的组合键 Ctrl+Enter，就可以打开播放器预览影片的效果了。在测试影片的同时，在源文件保存的位置，自动生成一个主文件名相同，但扩展名为.swf 的播放文件。

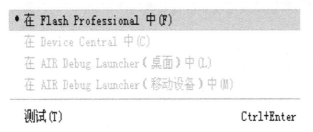

图 1.32　"测试影片"下拉菜单

1.2.4　任务4：Flash CS6 文档属性的设置

一、打开"文档属性"对话框

新建一个文档后，要设置文档的属性，可以单击菜单项"编辑"/"文档"，打开"文档设置"对话框，如图1.33所示，在其中可以设置文档的尺寸、背景颜色等参数。

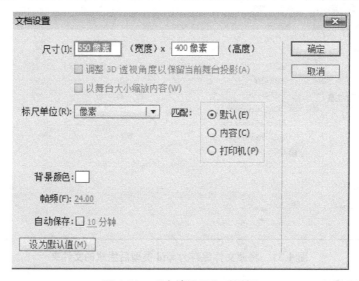

图 1.33　"文档设置"对话框

二、在"文档设置"对话框中设置参数

1．在"文档设置"对话框中，先单击"标尺单位"下拉菜单，选择标尺单位，默认的单位是"像素"。

2．在"尺寸"栏中设置具体的影片尺寸大小，默认的数值是 550 像素×400 像素。

3．还可以单击颜色框，打开取色器，用吸管选择颜色或者输入相应的数值来设置舞台的颜色，用作影片的背景色。

4．设置动画的帧频。默认的动画帧频是 24 帧/秒。

1.2.5　任务5：标尺、网格和辅助线的操作

应用标尺、网格和辅助线可以非常有效地定位 Flash 中的对象。

一、标尺

单击菜单项"视图"/"标尺"可以显示标尺，标尺显示在工作区的顶部和左侧。标尺打开之后，如果用户在舞台内移动一个元素，那么该元素的尺寸就会反映到标尺上，如图 1.34 所示。

二、网格

在舞台上显示网格，便于对舞台上的对象进行定位。选择菜单项"视图"/"网格"/

"显示网格"，就可以显示网格线，如图 1.35 所示。也可以单击 Ctrl+'组合键来显示网格。

图 1.34 在舞台上显示标尺

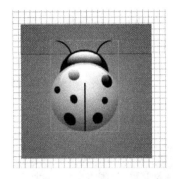

图 1.35 在舞台上显示网格

如果显示出来的网格排列过于稀疏或者过于紧密，则可以单击菜单项"视图"/"网格"/"编辑网格"，打开"网格"对话框，如图 1.36 所示。在该对话框中可以设置网格的大小和颜色等参数。

三、辅助线

在舞台上定位对象，或者将不同的对象进行对齐时，也常需要借助辅助线。显示辅助线，需要先显示标尺，然后在标尺上按住鼠标左键不放向舞台中拖动，拖出一条直线，该直线呈绿色（默认色），即辅助线，如图 1.37 所示。

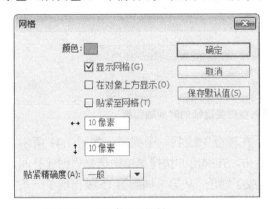

图 1.36 "网格"对话框

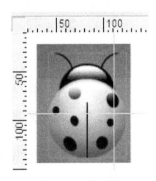

图 1.37 辅助线

辅助线是可以移动、锁定、隐藏和删除的。单击菜单项"视图"/"辅助线"/"显示辅助线"，可以显示和隐藏辅助线。

在舞台中，用鼠标指向辅助线，当鼠标的右下方出现箭头时，按下左键拖动，则可以移动辅助线。

1.2.6 任务 6：制作第一个影片"图形变化"

一、任务说明

本案例介绍一幅简单图形的绘制和动画的制作。

二、任务步骤

1．打开 Flash CS6 应用程序，新建一个文档。

2．单击菜单项"修改"/"文档"，打开"文档属性"对话框。在"尺寸"文本框中输入 400 像素和 300 像素；单击"背景颜色"后的颜色块，即弹出色块选择面板，如图 1.38 所示，选择"浅灰色"（#CCCCCC）；修改"帧频"参数为 12fps。

3．单击选择"工具"面板中的矩形工具 ![矩形工具]，在舞台中绘制一个矩形，如图 1.39 所示。

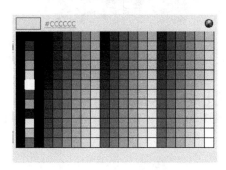

图 1.38　色块选择面板　　　　　　　　图 1.39　绘制的矩形

4．此时，"时间轴"面板的第 1 帧中的空心圆圈就变成了实心圆点，这表明该帧已经有图形内容。但是要完成动画效果，还要确定结束状态，这样才能生成动画效果。

5．单击时间轴中的第 15 帧，单击菜单项"插入"/"时间轴"/"空白关键帧"，此时第 15 帧中出现了空心圆圈，如图 1.40 所示。

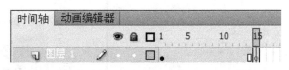

图 1.40　插入空白关键帧的时间轴面板

6．选中第 15 帧，选择椭圆工具，在舞台中绘制一个椭圆，如图 1.41 所示。

7．单击图层 1 的第 1 帧。鼠标右击，在弹出的快捷菜单中选择"创建补间形状"，如图 1.42 所示。"时间轴"帧的背景颜色变成了绿色，从第 1 帧到第 15 帧出现了一条实线箭头。

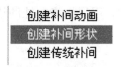

图 1.41　在第 15 帧绘制一个椭圆　　　　图 1.42　快捷菜单

8．到此，动画制作完毕，将文档保存为扩展名为".fla"的文档。

9．单击菜单项"控制"/"测试影片"/"测试"，打开影片播放器窗口测试影片效果。

习题

1．填空题

（1）新建 Flash 文件，可以执行_____命令，或者按组合键_____。

（2）如果要想打开"库"面板，可以单击_____。

（3）新建 Flash 文件，默认的文件尺寸是_____。

（4）使用"工具"面板中的拖动工具可以_____。

2．选择题

（1）默认的情况下，Flash CS6 网格的单位是_____。

    A．厘米   B．毫米   C．像素   D．磅

（2）Flash CS6 中，默认的帧频是_____。

    A．20   B．24   C．12   D．9

（3）如果已经选择了缩放舞台的工具 🔍，且此时正处于放大舞台的模式，现要切换为缩小舞台的模式，可以按_____键。

    A．Alt   B．Shift   C．Ctrl   D．Tab

（4）如果一个对象是处于舞台外灰色的工作区中，则这个对象是_____。

    A．可见的   B．不可见的   C．视情况而定

（5）如果源文件已经保存了，单击菜单项"控制"/"测试影片"，对影片效果进行测试，此时_____同名的.swf 的动画文件。

    A．生成   B．不生成

3．思考题

（1）创建 Flash 新文档有哪些方法？

（2）如果源文件已经保存了，单击菜单项"控制"/"测试影片"，对影片效果进行测试后，还会生成哪些文件？

实训一　Flash CS6 窗口操作和文档的建立

一、实训目的

1．学会 Flash CS6 应用程序的启动。

2．熟悉 Flash CS6 窗口。

（1）Flash CS6 窗口的组成。

（2）"属性"面板、"时间轴"面板、"库"面板的显示和隐藏。

二、操作内容

1．创建文档，打开"文档属性"对话框，修改尺寸、舞台颜色等。使用矩形工具，在舞台中绘制一个图形，保存文档，测试影片。

2．创建文档，显示网格、标尺、辅助线等。

3．模仿本章的任务 6，制作一个由椭圆变成矩形的动画影片并测试制作效果。

第2章

绘制图形

Flash 具有强大的矢量图形绘制功能，所以掌握绘图工具的使用对于制作好 Flash 作品、增强作品的表现力是至关重要的。本章旨在通过几个案例介绍"工具"面板中绘图工具的操作方法，以及如何使用绘图工具来绘制所需要的图形。"工具"面板中的绘图工具主要分为：基本绘图工具、选取工具、色彩工具、文本工具和编辑修改工具等几组。

⏩ 2.1 项目1 制作卡通场景"爱"

本项目是使用基本绘图工具、选取工具、色彩工具、文本工具和编辑修改工具以及导入外部位图图像等而制作的一个以"爱"为主题的卡通场景，如图 2.1 所示。本项目分解为以下 7 个任务来完成。

图 2.1 项目 1 "爱"的效果图

2.1.1 任务1：使用基本绘图工具绘制卡通图形"角色1"

一、任务说明

基本绘图工具包括矩形工具、椭圆工具、多角星形工具、线条工具、铅笔工具、刷子工具和钢笔工具等。本任务主要应用这些基本绘图工具制作一个卡通图形"角色1"，如图2.2所示。

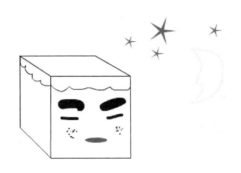

图 2.2 卡通图形"角色1"

二、任务步骤

1. 打开 Flash CS6，新建一个 Flash 文档。单击菜单项"文件"/"保存"，将该文件命名为"项目1_爱.fla"。

2. 打开该文档的"属性"面板。单击其中的"编辑"按钮，打开"文档属性"对话框设置相关参数；标尺单位为"像素"；文档尺寸为"500像素×400像素"其他默认设置。

3. 双击"时间轴"面板中的"图层1"，重命名为"角色1"。

4. 单击选择"工具"面板中的矩形工具。在"属性"面板中设置笔触颜色为"黑色"；设置填充颜色为"白色"；选择笔触样式为"实线"；笔触高度为"1"。

5. 将鼠标移到舞台中，按住左键拖动，绘制一个黑色边框白色填充色的矩形，如图2.3所示。

6. 选择"工具"面板中的线条工具，在其"属性"面板中，设置笔触颜色为"黑色"，笔触样式为"实线"，笔触高度为"1"，在前面绘制的矩形上方和左侧绘制线条，组成一个立方体，如图2.4所示。

7. 选择铅笔工具 ，在"属性"面板中设定笔触高度为"1"，笔触样式为"实线"，笔触颜色为"黑色"。在"工具"面板的下方的铅笔模式选择"平滑"，如图2.5所示。在立方体的左侧面和正面的上方绘制两条曲线，如图2.6所示。

图2.3 绘制矩形

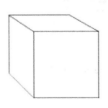
图2.4 立方体

图2.5 设置"平滑"

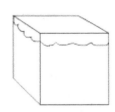
图2.6 添上曲线

8．选择刷子工具 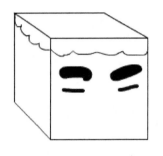，单击"工具"面板下方的"颜色"选区中的"填充颜色"，在调色板中选择"黑色"。设置"刷子大小"为合适的大小，在立方体的正面绘制两条短曲线，作为"角色1"的眉毛。

9．选择铅笔工具，在"属性"面板中设定笔触高度为"4"，笔触样式为"实线"，颜色为"黑色"，绘制两条线，用做"角色1"的眼睛，如图2.7所示。

10．选择椭圆工具，在"属性"面板中设置笔触颜色为"取消" ，设置填充颜色为"红色（#FF0000）"。在立方体的正面绘制一个椭圆，作为"角色1"的嘴。

11．选择铅笔工具，设定笔触高度为"5"，笔触样式为"沙漏型"，笔触颜色为"黑色"，在"脸部"的两边各绘制几次，如图2.8所示。

图2.7　用铅笔工具绘制眼睛　　　　图2.8　用铅笔工具绘制后的效果

12．单击"时间轴"面板下方的新建图层按钮，新建一个图层，将该图层命名为"星"。

13．选择"星"图层的第1帧。单击矩形工具右下角的黑色按钮，将其切换为多角星形工具 。

14．单击其"属性"面板，设置"笔触颜色"为"取消" ；设置"填充颜色""浅蓝色（#0066FF）"。

15．单击"工具设置"的"选项"按钮，在打开的对话框中设定相应的参数，其具体参数如图2.9所示。

16．将鼠标移到舞台中，拖动鼠标绘制几颗大小不同的星星，如图2.10所示。

17．绘制月亮图形。选择钢笔工具 ，在其"属性"面板中设定笔触颜色为"黄颜色（#FFCC00）"，笔触样式为"实线"，高度为"1"。将鼠标移到舞台中单击，绘制月亮图形，如图2.11所示。

图2.9　星形的参数　　　图2.10　绘制几颗星星　　图2.11　绘制月亮图形

18．本任务制作完毕，保存文档，测试影片。

三、技术支持

1. 椭圆工具

椭圆工具一般用于绘制椭圆，但是如果在按住 Shift 键的同时绘制椭圆，可以绘制一个正圆。在按住 Alt 键的同时绘制椭圆，可以从中心开始绘制一个椭圆。

在绘制椭圆时，设置颜色选区中笔触颜色或填充色，可以绘制既有边框轮廓又有填充的椭圆，或者绘制只有边框轮廓而无填充的椭圆，或者绘制只有填充而无边框轮廓的三种形式的椭圆，如图 2.12 所示。

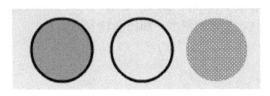

图 2.12　三种状态的椭圆

在绘制椭圆时，要注意是否选择了"工具"面板的"选项"选区中的"对象绘制"功能 ◯ 。该功能对所绘制的形状是有影响的。

2. 矩形工具

（1）如果在按住 Shift 键的同时绘制矩形，可以绘制一个正方形。

（2）利用矩形工具可以绘制圆角矩形。选择了矩形工具后，展开"工具"面板下方的"矩形选项"栏，如图 2.13 所示，在其中可以设置矩形边角半径参数，绘制一个圆角矩形，如图 2.14 所示的是一个边角半径值为"20"的圆角矩形。

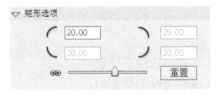

图 2.13　"矩形设置"对话框

图 2.14　圆角矩形

单击其中的链接按钮，可以分别独立设置矩形的四个边角半径，如图 2.15 所示，就是设置了不同边角半径参数的效果。

图 2.15　设置不同边角半径参数的效果

（3）单击矩形工具右下角的黑色三角形按钮，切换为多角星形工具后，再单击"属性"面板上的"工具设置"栏将其展开，单击其中的"选项"按钮，打开"工具设置"对话框，如图 2.16 所示，在其中的"样式"下拉菜单中可选择"多边形"或"星形"。在"边数"框中设置

"边数"的值，可以设置多边形或者星形的顶点数，该值介于3~32之间。"星形顶点大小"参数可以设置星形顶点的锐化程度，该值介于0~1之间。数值越小，锐化越深，即顶点越尖。

3．线条工具

（1）如果在按住Shift键的同时绘制直线，可以绘制一条倾角为45°角整数倍的线条。

（2）当绘制两条直线相接时，可以单击该"属性"面板中的"接合"按钮，其下拉菜单如图2.17所示。在该下拉菜单中可设置不同的接合样式。

4．铅笔工具

使用铅笔工具绘图和真正使用铅笔绘图相似。在按住Shift键的同时可以绘制直线。它有三种选项模式：伸直、平滑和墨水，如图2.18所示。

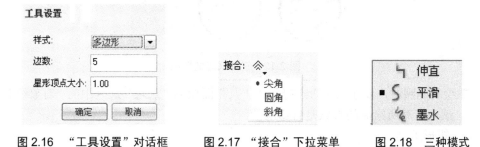

图2.16 "工具设置"对话框　　　图2.17 "接合"下拉菜单　　　图2.18 三种模式

5．刷子工具

在使用刷子工具时，其"属性"面板中只有"填充颜色"可以设置。在绘图时，除了"刷子大小"可以设置外，还可以对"刷子模式"和"刷子形状"等进行设置。

（1）单击"刷子模式"按钮 ⊖，打开"刷子模式"下拉菜单，如图2.19所示。刷子模式有下面5种模式。

① 标准绘画：直接涂抹线条或者填充。

② 颜料填充：只涂抹填充区域或者空白区域，边线不受影响。

③ 后面绘画：只涂抹空白区域，填充区域和边线不受影响。

④ 颜料选择：只涂抹被选择工具 ▶ 或者套索工具 ⚲ 选取的区域。

⑤ 内部绘画：只涂抹开始使用刷子工具时所在的填充区域或者空白区域，边线不受影响。

（2）单击"刷子大小"按钮 ● ▾ ，打开"刷子大小"下拉菜单，可以选择刷子大小，如图2.20所示。

图2.19 "刷子模式"下拉菜单

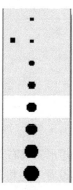

图2.20 "刷子大小"下拉菜单

（3）如果选择了刷子工具，再单击"锁定填充"按钮🔒，则在使用渐变色或者位图填充时，这一填充会扩展到整个舞台中。

6．钢笔工具

钢笔工具一般用于绘制一些精确的线条。使用钢笔工具，在舞台上单击，各个单击的点就会依次连接，形成一条折线，如图 2.21 所示。但是如果选择钢笔工具后，在单击各个点后按住鼠标左键不放，那么各个点依次相连时，便形成一条曲线，如图 2.22 所示。

图 2.21　用钢笔工具画出的折线

图 2.22　用钢笔工具画出的曲线

使用钢笔工具中的添加锚点工具，鼠标移到曲线上，当鼠标下方出现一个 "+" 符号时单击鼠标，可以在曲线上添加一个锚点。选择删除锚点工具，在曲线上的锚点处，在鼠标下方出现一个 "–" 符号时单击鼠标，就可以将该锚点删除。

使用钢笔工具绘制的曲线要调整时，通常要使用"工具"面板上的部分选取工具进行调整，相关内容将在后面介绍部分选取工具时介绍。

2.1.2　任务 2：使用选取工具绘制"角色 2"

一、任务说明

选取工具包括选择工具、部分选取工具和套索工具。本任务主要是应用这些选取工具在完成任务 1 的基础上再绘制一个女性化的卡通图形"角色 2"，如图 2.23 所示。

图 2.23　"角色 2"的效果

二、操作步骤

1．打开任务 1 中制作完成的文档"项目 1_爱.fla"；在任务 1 操作基础上，再单击"时间轴"面板下方的新建图层按钮，新建一个图层，并将其重命名为"角色 2"。

2．选择"角色 2"图层的第 1 帧。选择矩形工具。在"属性"面板中设置笔触颜色为"黑色"；设置填充颜色为"白色"；笔触样式为"实线"；高度为 1，如图 2.24 所示。

图 2.24　设置"属性"面板的参数

3．在舞台中绘制一个黑色边框白色填充的矩形。

4．使用线条工具，在其"属性"面板中，设置笔触颜色为"黑色"，笔触样式为"实线"，高度为"1"，在矩形上方和右侧绘制线条，组成一个立方体，如图 2.25 所示。

5．再使用线条工具，保持前面的属性设置，在立方体的正面绘制三条直线，效果如图 2.26 所示。

6．选择铅笔工具，在其"属性"面板中，设置笔触颜色为"黑色"，笔触样式为"实线"，笔触高度为"4"。绘制两条"眉毛"，如图 2.27 所示。

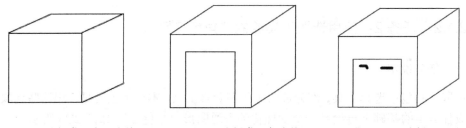

图 2.25　绘制成一个立方体　　　图 2.26　绘制成三条直线　　　图 2.27　绘制"眉毛"

7．继续使用铅笔工具，设置笔触颜色为"红色（#FF0000）"，其他参数不变，绘制一条曲线作为"嘴"。

8．使用刷子工具，设置笔触颜色为无，填充颜色为"粉色（#FF99CC）"，设置合适的"刷子大小"，绘制两个"腮红"，如图 2.28 所示。

9．使用选择工具，单击选择角色 2 脸部最下方中间的线段，略向上移动，其效果如图 2.29 所示。

10．使用选择工具，指向刚刚略移动到上方的中间线段，当鼠标指针变为箭头右下方出现一个弧线时，按住鼠标左键不放拖曳，将边线调整成弧线。

11．重复步骤 9，将图中的直线都调整为曲线，其效果如图 2.30 所示。

12．分别调整"角色 1"、"角色 2"和"星"三个对象到合适的位置。该任务制作完成，保存文档，测试影片。

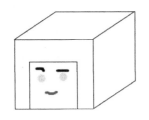

图 2.28 绘制 "腮红"

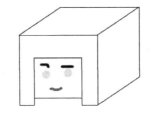

图 2.29 向上移动中间线段

图 2.30 调整其他直线为曲线

三、技术支持

1. 选择工具

使用选择工具单击一个对象时，可以选中单击的部分。如绘制一个既有边框又有填充色的椭圆，使用选择工具单击边框，此时边框被选中了，而填充不被选中，如图 2.31 中左边的部分。若单击填充，则填充被选中，边框不被选中，如图 2.31 中的中间部分。

按住 Shift 键不放，连续单击对象的多个不同的部分，可以选择这些部分。如按住 Shift 键不放，连续在边框和填充上单击，则此时边框和填充都被选中，如图 2.31 中的右边部分。

使用选择工具后，按住鼠标左键不放拖曳，拖出一个矩形框，则该矩形框所框选住的部分即被选中，如图 2.32 所示。

图 2.31 选择的不同对象

图 2.32 框选中的部分被选中

使用选择工具还可以进行变形操作。

（1）选择矩形工具在舞台中绘制一个只有填充而没有边框的矩形，如图 2.33 所示。

（2）选择选择工具，鼠标指针指向矩形上方的右顶点，当指针右下方出现 "L" 形状时，按住左键不放拖曳，使右边的顶点和左边的顶点重合，将图形调整成为一个三角形。

（3）为了便于顶点重合，可以单击菜单项 "视图" / "贴紧" / "贴紧对象"，将其选中。顶点重合的效果如图 2.34 所示。

（4）使用选择工具，鼠标指针指向三角形的边线，指针右下方出现弧线形状时，按住左键不放拖曳，将其调整成圆弧形，如图 2.35 所示。

图 2.33 无边框的矩形

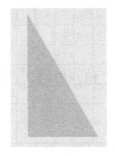

图 2.34 顶点重合成三角形

图 2.35 边线调整成圆弧形

2．部分选取工具

使用部分选取工具在边框轮廓线上单击时，可以显示轮廓线上的锚点。单击选中某个锚点，再按住鼠标左键拖动，可以移动该锚点的位置。移动锚点位置还可以按键盘上的四个方向键来调整。鼠标指向控制手柄，并按住鼠标左键拖动，可以改变控制手柄的方向，从而改变曲线的曲率。

3．套索工具

套索工具 ⌀ 可以用来部分或全部选取对象。选取该工具，将鼠标移到舞台中，可以像铅笔工具一样自由地绘制线条，当绘制线条的起点和终点重合时，生成的闭合区域就是选取对象。

（1）使用矩形工具在舞台中绘制一个填充色任意的图形。

（2）选择套索工具在矩形图形中绘制一个区域，如图 2.36 所示。

（3）该区域就是选取的对象，可以对其进行操作，如移动等，如图 2.37 所示。

在套索工具的"选项"选区中还可选"魔术棒"和"多边形模式"两种模式，如图 2.38 所示。用"多边形" ⌀ 模式选取时，可绘制出一个直多边形的选区，如图 2.39 所示。

图 2.36 用"套索工具"选取任一区域　　图 2.37 对选区进行移动等操作

单击选择"选项"中的魔术棒工具 ⚚，它只能用于选择被分离为以像素为单位的位图，它一般用来选择对象上颜色相近的区域，通常在选择这个区域时，结合魔术棒设置工具进行选择。单击魔术棒设置工具 ⚚，打开"魔术棒设置"对话框进行参数设置，如图 2.40 所示。在该对话框的"阈值"框中可以输入 0~200 之间数值，该数值越小，表示可以选择的颜色越相近。"平滑"用来定义所选区域的边缘的平滑度，最后单击"确定"按钮。在对魔术棒设置工具的参数进行设置后，就可以使用魔术棒工具进行区域的单击选择了。

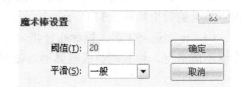

图 2.38 套索工具的选项　　图 2.39 直多边形的选区　　图 2.40 "魔术棒设置"对话框

2.1.3　任务 3：为"角色 1"和"角色 2"图形填充色彩

一、任务说明

色彩工具包括颜料桶工具、墨水瓶工具、滴管工具和填充变形工具。应用这些工具，可以制作出色彩绚丽的图形和动画。本任务是应用色彩工具对任务 1 的图形以及背景进行色彩填充，以增强图形的效果，本任务的最后效果如图 2.41 所示。

图 2.41　色彩填充后的效果图

二、操作步骤

1．打开任务 2 中制作完成的文档"项目 1_爱.fla"。在此基础上，进行色彩设置。

2．选择颜料桶工具 ，在右边的"属性"面板中设置"填充颜色"为黑色。

3．移动鼠标到舞台中，在"角色 1"图形的头发部位单击，将其填充为黑色。注意：此时若发现颜色填充不了，可以单击"选项"选区中的"空隙大小"按钮 ，在弹出的下拉菜单中选择一个合适的空隙模式，如图 2.42 所示，以保证能够填充得上色彩。填充后的效果如图 2.43 所示。

图 2.42　"空隙大小"菜单　　　　图 2.43　填充"角色 1"头发颜色

4．填充"角色 2"的颜色。选择颜料桶工具，在"属性"面板中设置"填充颜色"为深黄色（#FFCC00）；将鼠标移到"角色 2"头发区域单击，如图 2.44 所示。

5．设置背景为渐变色。单击"图层"面板下方的"新建图层"按钮 ，新建一个图层；将新图层重命名为"背景"，如图 2.45 所示。

图 2.44　填充"角色 2"头发颜色　　　图 2.45　新建图层命名为"背景"

6．选择图层"背景"，选择矩形工具，设置笔触颜色为"取消"，填充颜色为黑白线性渐变 ▟。

7．单击菜单项"窗口"/"颜色"，打开"颜色"面板。在其中的"渐变定义"栏中设置左边颜色块为"灰色（#CCCCCC）"，右边的颜色块设置为"海蓝色（#000066）"，如图 2.46 所示。

8．在舞台中绘制一个大矩形，并设置其大小和舞台一样，X 和 Y 值均为"0"，参数如图 2.47 所示。

图 2.46　设置渐变色

图 2.47　设置矩形参数

9．选择"工具"面板中的填充变形工具 ▟。在渐变矩形上单击，使其周边出现控制点，如图 2.48 所示。鼠标指向右上方的控制点，将水平方向的线性渐变调整为垂直方向，其效果如图 2.49 所示。

图 2.48　"填充变形工具"控制点

图 2.49　调整后的渐变效果图

10．选中"背景"图层，将该图层拖曳到所有图层的下方，如图 2.50 所示。

图 2.50　将"背景"图层移至最下方

11. 选择颜料桶工具，设置填充颜色为"浅黄色（#FFCC666）"，将月亮图案的内部填充为该颜色。

12. 选择墨水瓶工具 ，设置"笔触颜色"为"浅黄色（#FFCC66）"，将月亮图案的轮廓线也改变为该颜色。

13. 该任务制作完成，保存文档，测试影片。

三、技术支持

1. 颜料桶工具

颜料桶工具可以填充区域的颜色。在填充颜色时，可以设置颜色为纯颜色或者渐变色。在使用颜料桶工具填充色彩时，如果发现无法填充上颜色，首先要查看是否已选择"锁定填充"功能，因为一旦选取该工具，就无法填充颜色了。另外，还要检查"空隙大小"的模式是否合适，有时区域看似封闭，其实还有空隙，此时应该放大视图来检查区域是否封闭，然后再选择合适的模式进行填充。

2. 墨水瓶工具

墨水瓶工具可以给对象添加轮廓线，或者改变轮廓线的颜色、笔触高度和笔触样式等属性。

（1）选择椭圆工具，先设置其取消笔触，在"填充色"调色板中选择一个径向渐变的模式，然后绘制一个红色的小球，如图 2.51 所示。

（2）选择墨水瓶工具，打开该工具的"属性"面板，在其中设置笔触样式为"虚线"，笔触高度为"5"，笔触颜色为"白色（#FFFFFF）"，效果如图 2.52 所示。

图 2.51 无轮廓线的小球

图 2.52 添加轮廓后的小球

3. "颜色"面板

当对图形颜色进行一些特殊的处理时，常常要使用"颜色"面板来设计。单击菜单项"窗口"/"颜色"，可以打开或关闭"颜色"面板，如图 2.53 所示。"颜色"面板上有"颜色"和"样本"两个选项卡。"颜色"选项卡中有以下参数。

（1）"笔触颜色"按钮 ：用于设置线条颜色。

（2）单击"填充类型"右边的按钮，可以设置填充类型，如图 2.54 所示。有"无"、"纯色"、"线性渐变"、"径向渐变"和"位图填充" 5 种类型。

① 无：不设置颜色。

② 纯色：设置一种单色。

③ 线性渐变：产生从起始点到终点沿直线逐渐变化的渐变。

④ 径向渐变：产生一个从中心焦点出发沿环形轨道混合的渐变。

⑤ 位图填充：将位图作为填充内容。

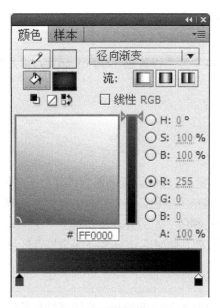

图 2.53 "颜色"面板

图 2.54 "填充类型"下拉菜单

（3）"渐变定义栏和颜色指针"：在"颜色"面板上的"渐变定义栏和颜色指针"区域，如图 2.55 所示，单击颜色指针，颜色指针上的三角形呈黑色，表明该颜色指针被选中，面板上出现与它对应的颜色 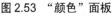 和透明度的数值 A: 100 %，可以在其输入框中设置相应的参数。双击渐变定义栏中的颜色指针，弹出"颜色拾色器"，如图 2.56 所示，可以在颜色选择器中拾取新的颜色。如果需要添加颜色指针，则在渐变定义栏需要添加颜色的位置单击，就添加了一个颜色指针，最多可以有 15 个颜色指针。如果需要改变颜色指针的位置，只要将颜色指针沿着渐变定义栏拖动即可。如果要删除某个颜色指针，只要直接将其向下拖离渐变定义栏即可。

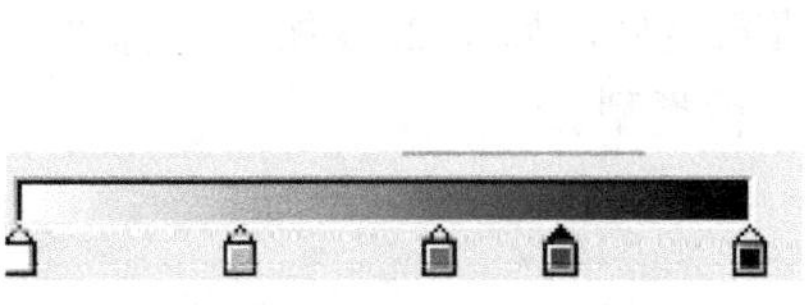

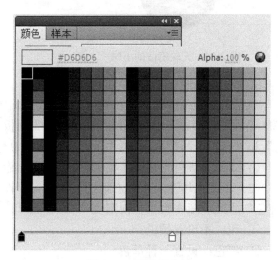

图 2.55 渐变定义栏和颜色指针

图 2.56 颜色拾色器

（4）径向渐变的设置与线性渐变的不同：它是从中间向四周辐射的，如图 2.57 所示，就是在"颜色"面板中设置了放射状渐变的色块而绘制的图案。

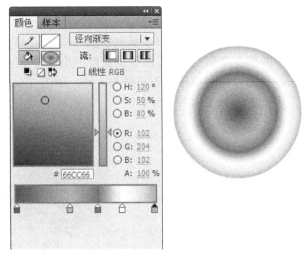

图 2.57 "颜色"面板设置渐变色及绘制的图形

（5）位图填充模式就是将一幅位图作为填充的图案来填充一个区域，如下例。

① 新建一个 Flash 文档。

② 单击菜单项"文件"/"导入"/"导入到库"。在弹出的对话框中选择要导入的图片文件，将其导入到"库"面板中。

③ 打开"颜色"面板，在"类型"下拉菜单中选择"位图"填充，在列出的位图预览中选择要填充的图像，如图 2.58 所示。

④ 再用矩形工具在舞台上绘制一个矩形。

⑤ 该矩形就使用所选择的图像作为图案进行填充了，如图 2.59 所示。

图 2.58 选择用"位图"填充

图 2.59 绘制出的矩形效果图

4．滴管工具

滴管工具可以拾取笔触或填充的颜色。只需在"工具"面板中选择滴管工具 ，再将鼠标指针指向舞台中要选取颜色的位置单击即可。

5．填充变形工具

渐变变形工具与渐变色类型有关。如果在"颜色"类型中选择"线性渐变"，然后用矩形工具在舞台中绘制一个矩形，接着选择"工具"面板中的渐变变形工具 ，再单击舞台的填充区域，发现填充区域边缘出现控制点，如图 2.60 所示。关于这些控制点的使用，已在前面任务 3 使用色彩工具制作渐变背景中做过解释。

但是，如果在"颜色"面板的类型中选择"径向渐变"，同样在舞台中绘制一个矩形，接着选择"工具"面板中的渐变变形工具 🖸，单击舞台中矩形填充区域，发现填充区域边缘也同样出现控制点，只不过控制点和上面的略有不同，如图 2.61 所示。同样，可以通过调节这些控制点，得到丰富多样的渐变效果。

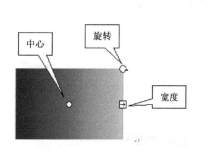
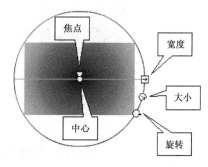

图 2.60　线性渐变的填充变形工具的控制点　　图 2.61　放射状渐变的填充变形工具的控制点

另外，在后面的动画制作中，将渐变填充色和渐变变形工具灵活结合使用，可以制作出更神奇美妙的作品。

2.1.4　任务 4：使用编辑修改工具制作图形"小花"

一、任务说明

编辑修改工具包括任意变形工具、橡皮擦工具。应用这些编辑修改工具，可以对对象进行缩放、旋转和倾斜等操作，特别是和后面的动画操作相结合，可以制作出丰富且精彩的作品。本任务是在任务 3 完成基础上使用该类编辑修改工具制作"小花"图案，其效果如图 2.62 所示。

图 2.62　任务 4 效果

二、任务步骤

1．打开任务 3 中制作完成的文档"项目 1_爱.fla"。

2．在"角色 2"图层之上新建一个图层"小花"。

3．选择线条工具，笔触高度设为"1"，设置笔触样式为"实线"，笔触颜色为"黑色"，在"小花"图层中绘制一条直线。

4．选择选择工具，指向直线图形，当鼠标变成下方带一弧线的箭头时拖动，可将直线调整成弧形，如图 2.63 所示。

5．选中该弧形，按住 Ctrl 键拖动鼠标复制一根新弧线。

6．单击菜单项"视图"/"贴紧"，在其级联菜单中勾选菜单项"贴紧对齐"和"贴紧至对象"。如图 2.64 所示。

7．选中复制后的弧线，单击菜单项"修改"/"变形"/"水平翻转"，并调整其位置，使两根弧线对接，注意要将两根线的顶点对接，如图 2.65 所示。

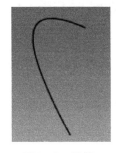

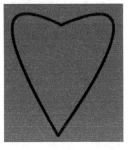

图 2.63　弧线　　　　　　图 2.64　选择贴紧　　　　　图 2.65　对接后的曲线

8．选择"工具"面板中的颜料桶工具，打开"颜色"面板，选择"线性渐变"，设置渐变条上左边第一个色块为"白色"，右边的色块为"绿色（#368D3F）"，如图 2.66 所示。

9．将鼠标移到花瓣图形区域中单击，为其填充上线性渐变色，再选择"工具"面板中的渐变变形工具　　，对填充的颜色进行适当的调整，其效果如图 2.67 所示。

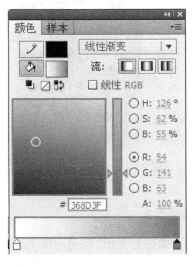

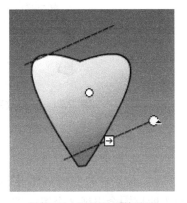

图 2.66　"颜色"面板　　　　　　　　图 2.67　调整后的效果图

10．选择选择工具，全选中花瓣图案，单击"工具"面板中的任意变形工具，该图案周围出现控制点，将轴心即中间的圆圈拖到花瓣的下方控点处，如图 2.68 所示。

11．选中整个花瓣，单击菜单项"编辑"/"复制"，再单击菜单项"编辑"/"粘贴到当前位置"，此时已复制了一个花瓣图案，但两个图案在原处重叠。

12．将其中的一个花瓣旋转，并将其调整成较细长的效果，如图 2.69 所示。

13．模仿步骤 11 到步骤 12，再复制两个花瓣图案，经旋转、缩放后组成花朵图案，其效果如图 2.70 所示。

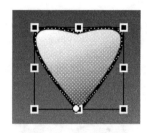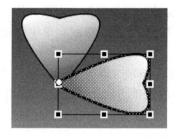

图 2.68　移动轴心　　　图 2.69　旋转、缩放复制后的花瓣　　　图 2.70　花朵

14．选择铅笔工具，设定笔触高度为"1"，笔触线形为"实线"，笔触颜色为"黑色"，在花朵图形下方绘制曲线，作为花柄。

15．选择颜料桶工具，选择"线性渐变"，在"颜色"面板中的"渐变定义"栏上设置左边的色块为"棕色（#2C1807）"，设置右边的为黄色（#E99A27），在花柄区域单击填充该色彩，效果如图 2.71 所示。

16．全选中制作好的小花图案，按 Ctrl 键拖动鼠标复制一个，单击菜单项"修改"/"变形"/"水平翻转"，再用任意变形工具将翻转后的小花图案缩小，并调整至适当位置，如图 2.72 所示。

17．该任务制作完成，保存文档，测试影片。

图 2.71　花柄效果图　　　　图 2.72　"小花"最后效果图

三、技术支持

1．任意变形工具

（1）使用任意变形工具 ▨ 可以对所选中的对象进行变形。当使用该工具单击对象时，对象的周围会出现 8 个黑色控制点的变形框，可以按住变形框上的控制点进行拖动，来调

整对象的形状，如图 2.73 所示。

（2）通过任意变形工具可以对对象进行移动、旋转、倾斜、缩放、扭曲和封套操作。

① 旋转与倾斜：选择"工具"面板的"选项"区域中的"旋转与倾斜"按钮 ↗️，将鼠标指针放在四个顶点的控制点上，使指针变为旋转符号时，拖曳对象，就可以旋转对象，如图 2.74 所示。注意：旋转是围绕对象的中心点旋转的，中心点位置不同，旋转的效果则不同。将鼠标指针放在控制点上，指针变为倾斜符号时，左右拖曳对象，就可以倾斜调整对象，如图 2.75 所示。

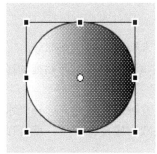

图 2.73　图形控制点

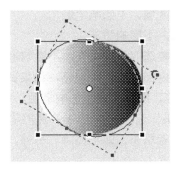

图 2.74　旋转对象

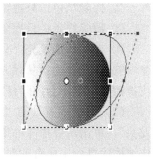

图 2.75　倾斜对象

② 缩放：选择"选项"区域中的"缩放"按钮 ⤢，将鼠标指针放在控制点上，指针变为缩放符号时，拖曳对象，就可以缩放对象，如图 2.76 所示。注意：如果按 Alt 键缩放对象，则以中心点为中心，对称缩放对象。

③ 扭曲：选择"选项"区域中的"扭曲"按钮 ⬐，将鼠标指针放在控制点上，指针变为扭曲符号时，拖曳对象，就可以扭曲对象，如图 2.77 所示。

④ 封套：选择"选项"区域中的"封套"按钮 ⬚，则对象上出现控制点和切线手柄，其中控制点呈方形，切线手柄呈圆点。拖曳控制点和切线手柄，可以自由地扭曲变形对象，如图 2.78 所示。在对对象变形操作之后，在对象之外的舞台区域单击，可取消封套。

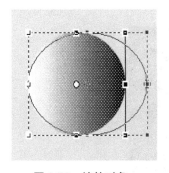

图 2.76　缩放对象

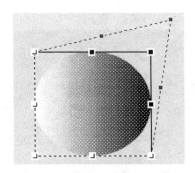

图 2.77　扭曲对象

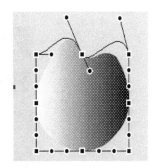

图 2.78　利用封套变形对象

可以使用任意变形工具完成对对象的上述几种变形操作，也可以单击菜单项"修改"/"变形"，在其下拉菜单中选择菜单项完成相应的变形操作。

（3）使用任意变形工具的扭曲和封套进行变形操作时，这两个功能只能用于形状对象，而对元件、文本、位图和渐变均无效。

2．橡皮擦工具

（1）橡皮擦工具 可以用来擦除能够被擦除的笔触或者填充。选择该工具后，在"选项"区域中，还有三个相关的选项：橡皮擦模式、橡皮擦形状和水龙头，如图 2.79 所示。橡皮擦模式用于指定橡皮擦工具的擦除模式，它有下面 5 种模式。

图 2.79 "橡皮擦工具"选项

① 标准擦除：任意擦除笔触和填充区域的内容。

② 擦除填色：只擦除填充区域，不影响笔触。

③ 擦除线条：只擦除笔触，不影响填充。

④ 擦除所选填充：只擦除被选取了的填充，不影响笔触及未被选取的填充部分。

⑤ 内部擦除：从填充区域内部开始擦除填充，如果试图从填充区域外部开始拖动橡皮擦擦除，则不会擦除任何内容，即该模式不影响笔触。

（2）橡皮擦工具的"水龙头"选项 ，用于快速擦除所选笔触或者填充。选择"水龙头"，单击所要擦除的笔触或者填充，即可擦除。另外，如果双击橡皮擦工具，就可以快速擦除舞台上所有的对象。

2.1.5 任务 5：使用文本工具制作特殊效果主题文字"情人"

一、任务说明

文本工具是用来在 Flash 中输入文字的工具。它包括三种类型：静态文本、动态文本和输入文本，其中，动态文本是指动态更新的文本，是相对于静态文本而言的；输入文本是指允许用户在文本框中输入的文本，它们通常都要配合 ActionScript 制作设计，这个留待后面介绍。本任务是在完成任务 4 的基础上利用静态文本制作特殊效果的文本，其效果如图 2.80 所示。

图 2.80 "情人"文字效果

二、任务步骤

1．打开任务4中制作完成的文档"项目1_爱.fla"，

2．在图层"小花"的上面新建一个图层，命名为"文字"。

3．选择"文字"图层，选择"工具"面板中的文本工具 **T**，在"属性"面板中设置文本类型为"静态文本"，字体为"华文新魏"，字号大小为"50"、文字颜色为"橙色（#FF6600）"，如图2.81所示。

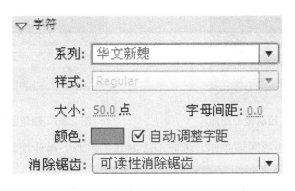

图2.81 文本"属性"参数设置

4．在舞台中输入"情人"两个字，接着连续两次执行菜单项"修改"/"分离"，或者连续两次按 Ctrl+B 组合键，使其呈网点状可编辑形状的图形状态，如图 2.82 所示。

5．选择"工具"面板中的墨水瓶工具，设定笔触颜色为"白色（#FFFFFF）"，笔触样式为"实线"，笔触高度为"2"，然后逐个在文字轮廓部位单击，给文字加上白色边框。

6．用橡皮擦工具 擦去"情"字左边的点，如图2.83所示。

7．使用"工具"面板中的部分选择工具，将鼠标放到"人"字的撇笔画，当出现弧线形状时，向左下方拖动撇笔画，将其拉长，如图2.84所示。

图2.82 将文字分离

图2.83 擦去点后的文字

图2.84 调整笔画

8．在"文字"图层中，选择使用钢笔工具绘制一个爱心图形，如图2.85所示。

9．选择"颜料桶工具"，再打开"颜色"面板，将填充样式设为"径向渐变"。在"渐变定义"栏中将左边第一个色块设置为"黄色（#F2CB2F）"；中间单击增加一个色块，将该色块设置为"红色（#F34E25）"；右边的色块设置"橘黄色（#FFF8F7）"，同时设置该色块的 Alpha 值设为"0%"，如图2.86所示。

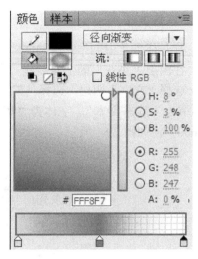

图 2.85　绘制爱心图形　　　　　　　　图 2.86　颜色面板的参数设置

10．移动鼠标到心形区域单击，填充上放射状的色彩。再使用填充变形工具，将填充的线性渐变颜色调整合适。

11．选中心形的边框线，将所有的边框线删除，如图 2.87 所示。

12．选择选择工具，全选"心"图形，将其移到"情"的左边，再使用任意变形工具，对其缩放、旋转直到调整到满意的效果，作为被删除的"点"笔画，如图 2.88 所示。

13．该任务制作完成，保存文档，测试影片。

图 2.87　填充后的效果图　　　　　　　图 2.88　制作好的文字图层中的文字

三、技术支持

1．使用文本工具 **T** 可以输入和设置文本的格式，而且利用前面介绍的编辑修改和色彩工具等可以制作出精美的文字效果。在"属性"面板的文本类型中有"静态文本"、"动态文本"和"输入文本"三种类型，如图 2.89 所示。其中，"静态文本"是系统默认的，可以自由地输入单行或多行文本；"动态文本"是动态更新的文本，当改变为该文本类型后，"属性"面板的"变量"就激活了；"输入文本"供用户输入文本，其属性面板的参数与动态文本的属性参数基本是一样的。这两种类型的文本制作都需要配合 ActionScript，这将在后续文中介绍。

图 2.89 文本的三种类型

2．在静态文本的"属性"面板中，可以对文字的大小、颜色和字体等属性进行调整，在其中还可以单击"切换上标" T^2 和"切换下标" T_2 按钮，进行上标和下标文字的制作，如图 2.90 所示。

3．在"改变文本方向"列表中，可以将文本设置为"水平"、"垂直"和"垂直，从左向右"三种方式，图 2.91 就是选择"垂直"输入的文本。

图 2.90 上、下标文字   图 2.91 "垂直"文本

4．一次输入的文本内容是组合的。如果要设计出更特殊一点的文字效果，就不仅仅是简单地设置颜色和大小，而应先将它转换为图形对象，再对它设计各种特效。将文字转换为图形的操作就是单击菜单项"修改"/"分离"或者按 Ctrl+B 组合键。不过要注意：如果一次输入的文字只有一个，则只需单击一次菜单项"修改"/"分离"或者按一次 Ctrl+B 组合键即可；如果一次输入的文字有两个或两个以上，则需要两次单击该菜单项或者按两次 Ctrl+B 组合键。

2.1.6 任务 6：导入位图制作相框

一、任务说明

对象的编辑操作除了前面介绍的选取、移动、复制、删除、变形外，还包括对齐、打散和组合。本任务主要针对后面的几种编辑操作进行介绍，特别是针对导入的外部图片的操作进行介绍。本任务是在任务 5 完成的基础上，编辑导入的位图图片制作一个相框，其效果如图 2.92 所示。

图 2.92　任务 6 效果

二、任务步骤

1．打开任务 5 中制作完成的文档"项目 1_爱.fla"，

2．在"文字"图层的上方新建一个图层，命名为"相框"。

3．单击菜单项"文件"/"导入"/"导入到库"，在打开的"导入"对话框中，找到要导入的位图图片所存放的文件夹"chap2\素材文件"，单击选中"相框.jpg"图片文件，再单击"打开"按钮，将其导入到库中。

4．选择"相框"图层。单击菜单项"窗口"/"库"，打开"库"面板，在中间列表名称中选择已导入的"相框.jpg"项，再从"库"上方的预览窗中将其拖入舞台中。

5．选择"选择工具"单击选中舞台中的该图片，在其"属性"面板中将位置 X 和 Y 设为 0，尺寸 500×400。

6．选中舞台中的图片，按一次 Ctrl+B 组合键将其分离。

7．选择"工具"面板中的套索工具⚲，单击"选项"区域中的"魔术棒设置"按钮⚟，如图 2.93 所示。在弹出的对话框中设置相应的参数，然后单击"确定"按钮，如图 2.94 所示。

图 2.93　套索工具的选项

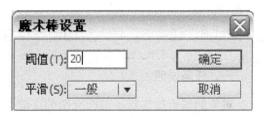

图 2.94　"魔术棒设置"对话框的参数

8．将鼠标指针移到被分离后相框图片中间的白色区域单击，此时利用颜色域值就将该区域选中。

9．按键盘上的 Delete 键，将选中的区域删除。此时，在删除的区域中就露出下方图层的图形内容，其效果如图 2.95 所示。

图 2.95　删除相框中间白色区域后的效果

10．该任务制作完成，保存文档，测试影片。

三、技术支持

1．对象的排列和对齐

通常在操作时，需要对对象按某种规则进行排列。这时，就要用到"对齐"操作了。"对齐"操作可单击菜单项"修改"/"对齐"，在其中的下拉菜单中进行选择操作。也可以单击菜单项"窗口"/"对齐"，打开"对齐"面板，从中选择进行操作，如图 2.96 所示。该面板分为上、下两个部分。下方只有一个"与舞台对齐"按钮，如果按下该按钮，在进行对齐操作时，舞台会被作为一个对齐对象进行操作。

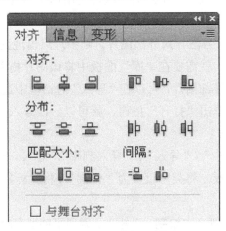

图 2.96　"对齐"面板

进行如下操作。

（1）选择椭圆工具，且选择"选项"中的"对象绘制"，在舞台绘制一个只有轮廓线而无填充色的圆圈，如图 2.97 所示。

（2）复制该圆圈若干个，并使它们交叉，如图 2.98 所示。

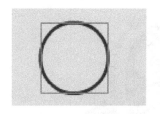

图 2.97　用"对象绘制"绘制的圆圈　　　　　图 2.98　复制若干个圆圈后的效果图

（3）打开"对齐"面板。用"选择工具"框选住所有的圆圈。

（4）单击"对齐"面板的"间隔："下的"垂直平均分布" ，再单击该面板中的"垂直中齐"按钮 ，调整结果如图 2.99 所示。

（5）单击面板中的"水平居中分布"按钮 ，其结果如图 2.100 所示。

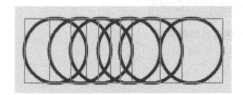

图 2.99　"垂直平均分布"和"垂直中齐"　　　　图 2.100　"水平居中分布"

2．导入外部图片

在 Flash 中，一般常用"导入到舞台"和"导入到库"两种方法导入外部图片。可以单击菜单项"文件"/"导入"，然后再选择其中的方法之一进行操作。

如果选择"导入到舞台"导入外部图片，打开"库"面板，就会发现导入的图片出现在舞台中的同时，也被导入到库中了。第二次再使用这个图片，就可以直接从库中调用，而不用再次从外部导入。

如果选择"导入到库"方法导入外部图片，则图片只出现到库中，而不会直接出现在舞台中。若要使用该图片，就需要在"库"面板中将该图片拖入场景。

如果一次要导入多个外部图片，可以在"导入"对话框中选择导入文件时，按住 Shift 键同时单击文件名，最后单击"打开"按钮，就可以一次导入多个图片了。

3．用导入的位图填充

（1）单击菜单项"文件"/"导入"/"导入到库"，导入一个位图。

（2）打开"颜色"面板，将类型设置为"位图"，将鼠标指针移到该面板下方的列表中选择一个导入的位图。

（3）使用矩形工具，在舞台中绘制一个矩形。发现平铺填充时，图案与原文件大小一致。

（4）如果改变操作顺序，就发现情况会有所不同。

（5）重复步骤（1）。

（6）使用矩形工具绘制一个任意填充色的矩形。

（7）使用颜料桶工具，打开"颜色"面板，将类型设置为"位图"，并在下方的列表中选择同样的位图。

（8）将鼠标移到矩形的填充区域中单击，发现此时的位图填充是很小的图案平铺填充，如图 2.101 所示。

（9）此时可以使用填充变形工具进行缩放、旋转或倾斜等调整，如图 2.102 所示。

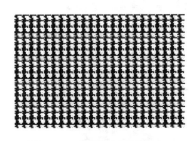

图 2.101　小图案平铺填充

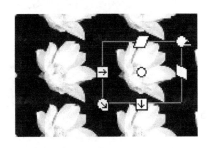

图 2.102　用"填充变形工具"对图案进行调整

4．编辑分离后的图形

在分离导入的位图图形后，可以进行编辑，可以用选区工具（套索工具和滴管工具）选取图片部分，这在前面的任务中已经详细介绍了。

5．对象的组合和合并

"组合"是将多个对象合成为一个对象来处理，即将多个对象打包在一起，其操作是先选中要组合的多个对象，再单击菜单项"修改"/"组合"来完成。如果要取消组合，则单击菜单项"修改"/"取消组合"来完成，取消组合后，还可以得到原先的对象。

"合并"操作可以通过单击菜单项"修改"/"合并"来完成。它和组合是有区别的，不同之处在于"合并"多个对象时，是对多个对象进行逻辑运算，生成新的对象。

2.1.7　任务 7：Deco 工具"装饰画面"

一、任务说明

Deco 工具是 Flash CS4 中新增的一个亮点，它在 Flash CS6 中得到了进一步的完善。使用 Deco 工具可以快速完成大量相同元素的绘制，也可以应用它制作出复杂的动画效果。将其与图形元件和影片剪辑元件配合，可以制作出更加丰富的动画效果。本任务是在任务 6 完成的基础之上使用 Deco 工具进一步装饰画面，完成后的效果如图 2.103 所示。

图 2.103　任务 7 效果

二、任务步骤

1．打开任务 6 中制作完成的文档"项目 1_爱.fla"，

2．在图层"文字"之上新建一个图层，并命名为"花"。

3．单击选择"工具"面板的 Deco 工具 。

4．在 Deco 工具的"属性"面板的"绘制效果"下拉列表中选择"花刷子"，在"高级选项"的下拉列表中选择"玫瑰"选项，并设置其相应的参数：花色为"玫瑰色（#CC0066）"，花大小为"102%"，树叶颜色为"绿色（#339919）"，树叶大小为"50%"，果实颜色为"粉红色（#FF337F）"，如图 2.104 所示。

5．将鼠标移到舞台中，选择"花"图层，绘制一朵装饰花，调整其位置在"角色 2"的头部附近，其效果如图 2.105 所示。

6．继续选择 Deco 工具，在"绘制效果"列表中选择"树刷子"，在其"高级选项"中选择"卷藤"，并设置其相应参数：树比例为"100%"，分支颜色和树叶颜色均为"深绿色（#006600）"，花/果实颜色为"橙色（#FF9900）"，如图 2.106 所示。

7．将鼠标移到舞台中，选择"花"图层，在底部的花盆处绘制两条卷藤装饰图案，其效果如图 2.107 所示。

8．该项目全部制作完成，保存文档，测试影片。

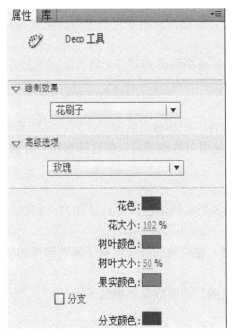

图 2.104　设置"花刷子"参数

图 2.105　绘制玫瑰花

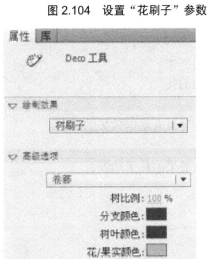

图 2.106　设置"树刷子"参数

图 2.107　绘制卷藤

三．技术支持

Deco 中增加了很多绘图工具，它是使用算术计算（称为过程绘图）来绘制图形的，其中有的类型要求应用于库中创建的影片剪辑或图形元件。Deco 工具具有丰富的 Flash 的绘图表现能力，它使得绘制背景变得方便而快捷。它提供了 13 种绘制效果：藤蔓式填充、网格填充、对称刷子、3D 刷子、建筑物刷子、装饰性刷子、火焰动画、火焰刷子、花刷子、闪电刷子、粒子系统、烟动画和树刷子。

1．藤蔓式填充

可以用藤蔓式图案填充舞台、元件或封闭区域。通过从库中选择元件，可以替换叶子和花朵的插图。生成的图案将包含在影片剪辑中，而影片剪辑本身包含组成图案的元件。

2．网格填充

应用网格填充，可以对基本图形元素复制，并有序地排列到整个舞台上，产生类似壁纸的效果。

3．对称刷子

应用对称刷子，可以围绕中心点对称排列元件。在舞台上绘制元件时，将显示手柄，使用手柄增加元件数、添加对称内容或者修改。使用对称刷子可以创建圆形用户界面元素（如模拟钟面或仪表刻度盘）和旋涡图案。

4．3D 刷子

应用 3D 刷子，可以在舞台上对某个元件的多个实例涂色，使其具有 3D 透视效果。

5．建筑物刷子

应用建筑物刷子，可以在舞台上绘制建筑物。建筑物的外观取决于属性选择的值。

6．装饰性刷子

应用装饰性刷子，可以绘制装饰线，例如点线、波浪线及其他线条。

7．火焰动画

应用火焰动画，可以创建程序化的逐帧火焰动画。

8．火焰刷子

应用火焰刷子，可以在时间轴的当前帧中的舞台上绘制火焰。

9．花刷子

应用花刷子，可以在时间轴的当前帧中绘制程式化的花。

10．闪电刷子

应用闪电刷子，可以创建闪电效果，而且还可以创建具有动画效果的闪电。

11．粒子系统

使用粒子系统，可以创建火、烟、水、气泡及其他效果的粒子动画。

12．烟动画

应用烟动画，可以创建程序化的逐帧烟动画。

13．树刷子

应用树刷子，用户可以快速创建树状插图。

Ⅲ▶ 2.2　项目 2　操作进阶—制作卡通场景"荷塘"

2.2.1　操作说明

本项目是综合使用各种基本绘图工具、色彩工具和编辑工具等制作完成的，其最后效果如图 2.108 所示。

图 2.108 "项目 2_荷塘"效果

2.2.2 操作步骤

1．新建一个 Flash 文档，尺寸为"550 像素×400 像素"，背景颜色为"黑灰色（#617A78）"。

2．选择图层 1，将其重命名为"背景"。

3．选择"背景"图层，选择矩形工具，设置笔触颜色为黑色，笔触高度为 3，填充颜色为棕灰色（#B0A1A1），在舞台中绘制一个矩形。打开"属性"面板，设置其位置 X、Y 参数值均为"0"，大小为"550 像素×400 像素"，如图 2.109 所示。

图 2.109 绘制的矩形

4．选择基本矩形工具，在其"属性"面板中，设置笔触颜色为#8E7979，笔触高度为 3，填充颜色为#736262，矩形选项为"14.5"，其参数如图 2.110 所示。

5．在舞台中绘制一个圆角矩形，调整矩形大小和位置，如图 2.111 所示。使绘制的圆角矩形嵌在前面绘制的矩形中，如图 2.112 所示。

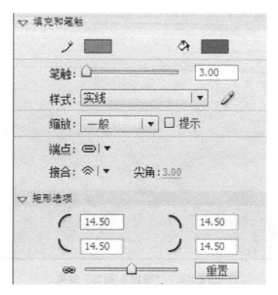

图 2.110　第一个基本矩形工具属性参数

图 2.111　第一个圆角矩形的大小和位置

图 2.112　圆角矩形嵌在矩形中

6. 再次选择基本矩形工具，在其"属性"面板中，设置笔触颜色为#736262，笔触高度为 2，填充颜色为线性渐变；在颜色编辑器中设置左边的颜色块为#566A6B，右边的颜色块为#A7DCCA，矩形选项为"14.5"，如图 2.113 所示。

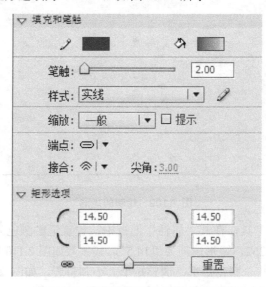

图 2.113　第二个基本矩形工具属性参数

7. 在舞台第一个圆角矩形中嵌套绘制另一个小一点的圆角矩形。调整圆角矩形大小和位置，如图 2.114 所示，使第二次绘制的圆角矩形嵌在第一个圆角矩形中，如图 2.115 所示。

图 2.114 第二个圆角矩形的大小和位置

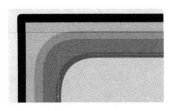

图 2.115 第二个圆角矩形的形状

8. 选择渐变变形工具逆时针旋转 90°，将第二个圆角矩形中的渐变调整为上下渐变。这样背景绘制完成。

9. 在"背景"图层之上，新建一个图层，命名为"荷叶"，利用钢笔工具绘制荷叶的形状，如图 2.116 所示。

10. 选中绘制好的形状，打开"颜色"面板，将花瓣的颜色填充类型选为"径向渐变"，渐变编辑栏中左边的渐变颜色块为"深绿色（#2F790F）"，右边的颜色块为"浅绿色（#4FA813）"，再使用渐变变形工具调整填充的颜色，最后效果如图 2.117 所示。

11. 将荷叶边的黑色线条删除。

12. 选择直线工具，设置笔触高度为 2，笔触颜色为"径向渐变"，在渐变编辑栏中左边的渐变颜色块为"深绿色（#2F790F）"，右边的颜色块为"浅绿色（#4FA813）"。

13. 在图层"荷叶"之上新建一个图层"叶脉"，使用直线工具，在其上绘制一组直线。并且使用选择工具将绘制的直线调整为适当的曲线作为荷叶的叶脉，效果如图 2.118 所示。

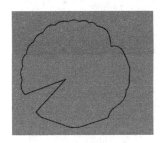

图 2.116 绘制"荷叶"轮廓

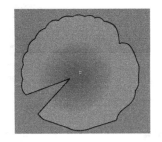

图 2.117 填充颜色

图 2.118 绘制荷叶叶脉

14. 单击复制"荷叶"图层中的图形。新建一个图层并命名为"阴影"。

15. 选择图层"阴影"，单击菜单项"编辑"/"粘贴到当前位置"，将荷叶图形贴贴到该图层中。选择颜料桶工具，将复制后的图形填充为暗绿色作为阴影。

16. 将图层"阴影"调到"荷叶"下方，如图 2.119 所示。

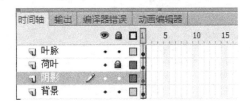

图 2.119 各图层的位置

17. 调整图层"阴影"中的荷叶阴影的位置，作为荷叶的影子，如图2.120所示。

18. 在"荷叶"图层之上新建一个图层，命名为"荷叶群"，复制绘制好的有叶脉、有阴影的荷叶，粘贴多次到"荷叶群"图层中，且选择"任意变形工具"调整复制后的荷叶的大小和形状，形成荷叶群，如图2.121所示。

 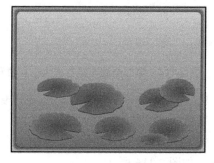

图2.120　有阴影的荷叶　　　　　　　　图2.121　荷叶群

19. 在"荷叶"图层之上新建一个图层"水珠"。选择椭圆工具，取消"笔触颜色"，填充颜色为"径向渐变"。

20. 在"颜色"面板中的渐变编辑栏中设置五种颜色块，五个颜色块的颜色均为浅灰色（#FAFEF8），但其Alpha值从左到右分别为：96%、10%、0%、0%和88%；且这五个颜色块的位置如图2.122所示。

21. 在舞台中绘制水珠图形，且调整水珠的大小和位置如图2.123所示。

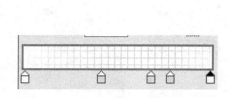 

图2.122　渐变编辑器　　　　　　　　图2.123　调整水珠的大小和位置

22. 复制若干个水珠图形，分别放置在其余的荷叶之上，效果如图2.124所示。

图2.124　在荷叶上添加水珠的效果

23．在"水珠"图层之上新建一个图层"花蕾"。选择钢笔工具绘制出花蕾的轮廓，如图 2.125 所示。

24．选择颜料桶工具，选择"径向渐变"，设置渐变色，左边的颜色块为粉红色（#EC02BD），右边的颜色块为白色，在花蕾的花瓣部分逐个区域地单击进行填充，并使用填充变形工具进行适当的调整，使花蕾的花瓣部分颜色显得自然一些，如图 2.126 所示。

25．选择颜料桶工具，选择"径向渐变"，设置渐变色，左边的颜色块颜色为暗绿色（#293F00），右边的颜色块颜色为墨绿色（#606F2A），在花蕾的叶子部分逐个区域地单击进行填充，并使用填充变形工具进行适当的调整，使花蕾的叶子部分颜色显得自然一些，如图 2.127 所示。

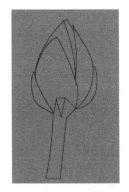
图 2.125　花蕾轮廓

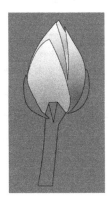
图 2.126　填充花瓣颜色

图 2.127　填充叶子颜色

26．调整"花蕾"图层到"荷叶"下方，这样可以使花蕾好像是从荷叶后方的水中长出来的；且复制粘贴二三个花蕾，效果如图 2.128 所示。

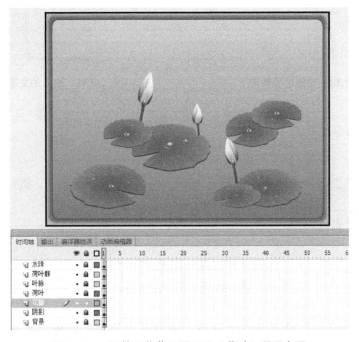
图 2.128　调整"花蕾"图层于"荷叶"图层之下

27. 在"水珠"图层之上新建一个图层，命名为"文字"。在该图层中，选择文本工具，在其"属性"面板中设置文本为"垂直"，如图 2.129 所示。

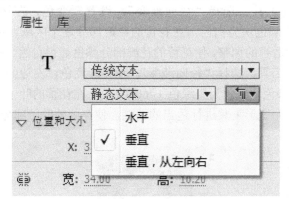

图 2.129　设置文本为"垂直"

28. 输入文字"荷塘"，设置文本颜色为红色#ff0000，字母间距为6，大小为30。

29. 选择基本矩形工具，设置笔触颜色为红色#ff0000，笔触高度为2，取消填充；且"矩形选项"为8，如图 2.130 所示。在文字外围绘制一个圆角矩形。

30. 绘制后的"荷塘"文字效果如图 2.131 所示。该项目即制作完成。

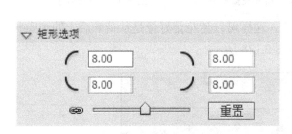

图 2.130　矩形选项参数

图 2.131　输入的文字效果

习题

1. 填空题

（1）"颜色"面板用于选择和设置＿＿＿＿＿＿和＿＿＿＿＿，执行＿＿＿＿命令或者按＿＿＿＿＿功能键，可以打开该面板。

（2）填充样式分为＿＿＿＿、＿＿＿＿、＿＿＿＿、＿＿＿＿和＿＿＿＿5 种模式。

（3）选择＿＿＿＿＿工具，可以移动图形的中心控制点。

（4）＿＿＿＿＿工具用于提取线条或者填充的属性，并将提取到的属性应用于其他的图形。

（5）如果要将颜色设置为完全透明，需要在"颜色"面板中改变 Alpha 选项值为＿＿＿＿＿。

（6）多角星形工具分为_____和_____两种。

（7）选择了"矩形工具"后，单击"工具"面板下方的"选项"区域中的"边角半径设置"按钮可以绘制_____。

（8）铅笔工具的三种选项模式是_____、_____和_____。

（9）当使用颜料桶工具填充形状颜色时，如果发现无法填充颜色，可以选择"选项"区域中的_____按钮。

（10）使用"_____"面板可以对齐、匹配大小或者分布舞台上元素之间的相对位置以及相对于舞台位置。

2．选择题

（1）在 Flash 中，使用钢笔工具创建路径时，关于调整曲线和直线的说法错误的是_____。

    A．当用户使用部分选择工具单击路径时，定位点即可显示

    B．使用部分选择工具调整线段可能会增加路径的定位点

    C．在调整曲线路径时，要调整定位点两边的形状，可拖动定位点或拖动正切调整柄

    D．拖动定位点或拖动正切调整柄，只能调整一边的形状

（2）下面关于导入的位图说法错误的是_____。

    A．可以直接对导入的位图进行编辑

    B．分离导入的位图后才能对它进行编辑

    C．分离导入的位图可以按 Ctrl+B 组合键

    D．分离导入的位图之后可以使用套索工具选取其中的部分图案

（3）单击菜单项"修改"/"形状"/"柔化填充边缘"，_____按照指定的像素值以模糊的形式扩展或者缩进形状。

    A．可以　　　　　　　　　　　B．不可以

（4）_____工具可以设置或者改变形状图形和图形对象的轮廓线。

    A．颜料桶　　　　　　　　　　B．墨水瓶

（5）如果要将两个以上的文字分离，则需要单击_____的"分离"菜单项或者按 Ctrl+B 组合键。

    A．一次　　　　　　　　　　　B．两次

    C．有多少个字就按几次　　　　D．0

3．思考题

（1）比较颜料桶工具和墨水瓶工具的区别和相同点。

（2）总结选择工具和部分选取工具在使用上的区别。

实训二　Flash 绘制图形——基本图形绘制

一、实训目的

掌握绘图工具的使用，绘制简单的图形。

二、操作内容

1. 使用椭圆工具、线条工具等制作图形，如图 2.132 所示。

图 2.132　卡通图形

（1）使用椭圆工具绘制一个圆，使用橡皮擦工具修改成如图 2.132 所示的效果。

（2）使用线条工具在圆上绘制眉毛。

（3）使用椭圆工具绘制小苗和眼睛和脸上腮红。

（4）使用铅笔工具绘制鼻子。

2. 制作标志，如图 2.133 所示。

图 2.133　制作标志

（1）使用星形工具绘制如图 2.133 所示的 20 角星形。

（2）使用星形工具制作如图 2.133 所示的多个五角星。

3. 制作飘带，如图 2.134 所示。

（1）使用钢笔工具绘制如图 2.134 所示的一个飘带轮廓。

（2）使用转换点工具和部分选择工具修改轮廓形状如飘带形状。

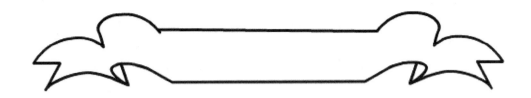

图 2.134 飘带

实训三 Flash 文字效果的设置

一、实训目的

掌握文字工具的使用，制作几种特殊效果的文字。

二、操作内容

1. 使用文本工具和墨水瓶工具制作空心效果文字，如图 2.135 所示。

图 2.135 空心字

（1）使用文本工具输入"春夏秋冬"字样的文字。

（2）按两次 Ctrl+B 组合键，将文字分离。

（3）使用墨水瓶工具，设置笔触大小和不同的笔触颜色，在文字轮廓线上单击。

（4）使用选择工具选取文字的填充，按 Delete 键将其删除。

2. 使用文本工具和颜料桶工具，通过将边框转换为填充且柔化填充边缘等操作制作彩虹效果文字，如图 2.136 所示。

图 2.136 彩虹字

（1）使用文本工具输入"FLASHCS6"字样的文字。

（2）将文字分离为图形。

（3）使用颜料桶工具，设置填充色为渐变色，在文字填充区域中单击。

（4）选定文字的轮廓线，将其删除。

（5）复制该串文字到另一个图层中，将文字颜色修改为黑色，且将该黑色文字调整位于渐变文字的下方，形成立体文字的效果。

（6）再复制该串文字到另一个图层中，将文字使用变形调整成为投影。

3．应用文本工具、颜料桶工具和填充变形工具制作立体文字，如图 2.137 所示。

图 2.137　立体文字

（1）使用文本工具，输入文字。

（2）将文字分离为图形。

（3）使用墨水瓶工具在文字轮廓线上单击，给文字加上轮廓线。

（4）选中文字的内部填充色，将其删除。

（5）按 Shift 键单击，全选中文字的轮廓线。

（6）按 Ctrl 键拖动复制一份。

（7）要制作出立体效果，使用选择工具选中要删除的线，按 Delete 键将其删除，再使用线条工具，添上合适的直线，构成立体文字的外围轮廓线。

（8）使用颜料桶工具，并设置填充色为线性，在文字上单击填充上色彩，通过色彩制作出立体的效果。

（9）全选中轮廓线，将其删除。

4．使用绘图工具，设计创作一个灯管文字，如图 2.138 所示。

图 2.138　灯管文字

（1）使用文本工具，输入文字。

（2）将文字分离为图形。

（3）使用墨水瓶工具在文字轮廓线上单击，给文字加上轮廓线。

（4）选中文字的内部填充色，将其删除。

（5）选择"S"字母的上方笔画，使用钢笔工具对笔画进行变形成如图 2.138 所示的效果。

（6）按住 Shift 键，将所所轮廓线条全选中，单击"编辑"/"形状"/"将线条转换为填充"，将轮廓转换为填充，再使用颜料桶工具，选择彩虹效果的渐变色对轮廓进行填充。

实训四　绘图工具和色彩工具的综合应用制作图形

一、实训目的

掌握图形的绘制和色彩的填充。

二、操作内容

1．应用椭圆工具和色彩的填充及填充变形工具制作立体按钮，如图 2.139 所示。

图 2.139　立体按钮

（1）使用椭圆工具绘制一个圆形。

（2）使用颜料桶工具，将填充色设置为线性进行填充。

（3）复制同心圆，将复制的圆形使用任意变形工具将其缩小，且使用填充变形工具将填充色调整。

2．将实训二中制作完成的"标志"和"飘带"案例进一步完善，制作一个商标图案，如图 2.140 所示。

图 2.140　Logo 标志

3．自行选择一幅卡通图形，进行模仿制作。

第3章

元件与实例

在 Flash 作品设计中可以说几乎离不开元件的应用。元件是在元件库中存放的图形、影片剪辑、按钮、导入的音频和视频文件。但一般常指前三者：图形元件、按钮元件和影片剪辑元件。元件是一种可以重复使用的对象，即只需创建一次，以后可在整个文档或其他文档中重复使用，从而大大提高工作效率。

3.1 项目 1 制作网络购物网站的动画广告

本项目介绍使用三种类型的元件来制作网络购物网站的一个动画广告，其效果如图 3.1 所示；本项目分解为以下的三个任务制作完成。

图 3.1 "网络购物网站动画广告"效果图

3.1.1 任务1：使用图形元件制作"文字装饰"

一、任务说明

图形元件一般用于静态图像，但也可以用于创建连接到主时间轴的可重复使用的动画片段。图形元件的时间轴是与主时间轴同步的。图形元件是可以嵌套的，即在一个图形元件中可以包含另一个的图形元件，但是交互式控件和声音在图形元件的动画序列中是不起作用的。本任务主要介绍使用图形元件制作动画广告中的装饰文字，其效果如图3.2所示。

图3.2 任务1"装饰文字"效果图

二、任务步骤

1. 打开 Flash CS6 应用程序，新建一个 Flash 文档，文档尺寸设置为"550 像素×400 像素"，背景颜色为"白色"。

2. 单击菜单项"插入"/"新建元件"，弹出"创建新元件"对话框。在该对话框中名称文本框中输入元件名称为"背景"，选择类型为"图形"，如图3.3所示。

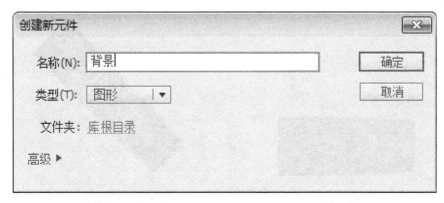

图3.3 创建"背景"图形元件

3．单击"确定"按钮，就进入到该元件的编辑窗口。使用矩形工具，设置笔触颜色为橙色(#FF6600)，笔触高度为3；填充颜色为径向渐变，在"颜色"面板的渐变颜色编辑栏中，设置左边滑块为白色，右边滑块为浅灰色（#CCCCCC）。使用矩形工具绘制一个矩形，如图3.4所示。

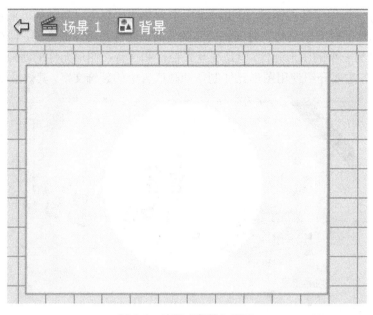

图 3.4　编辑"背景"图形

4．单击菜单项"文件"/"导入"/"导入到舞台"，从素材库中找到"chap3\素材文件\衣服.jpg"图片文件，将该文件导入到库中。

5．再新建一个图形元件，命名为"依恋"。进入该元件的编辑窗口中，选择图层1，使用矩形工具绘制一个矩形，该矩形的笔触颜色为黑白渐变，笔触高度为2；填充颜色为红、深红的放射状渐变。如图3.5所示。

6．在"依恋"图形元件编辑窗口中，在图层1上方新建一个图层"图层2"，使用文本工具，输入文字"依恋"；将文字设置为白色。

7．选中红色矩形和文字，使用任意变形工具逆时针旋转45°。如图3.6所示。

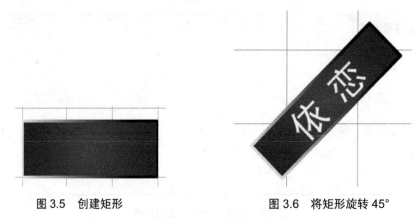

图 3.5　创建矩形　　　　　　　　图 3.6　将矩形旋转 45°

8．使用选择工具在矩形顶点拖曳，将矩形调整成如图 3.7 所示。

9．新建一个图形元件，命名为"文字 1"；在该元件编辑窗口中，使用文字工具，输入"30%"文字，设置文字的大小为 96，字体为"Impact"，颜色为橙色（#FF9900）。

10．按两次 Ctrl+B 组合键，将文字完全分离。保持分离后的文字处于选定状态，单击菜单项"修改"/"变形"/"扭曲"，将文字调整成如图 3.8 所示的左宽右窄的效果。

11．选中文字，单击菜单项"编辑"/"复制"。

12．在该元件编辑窗口中，新建一个图层"图层 2"，选择"图层 2"的第 1 帧，单击菜单项"编辑"/"粘贴到当前位置"。使复制文字和原文字重叠在一起。

 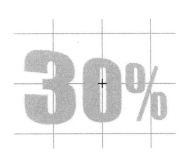

图 3.7 设置径向渐变的左边颜色块的值　　　图 3.8 调整文字形状

13．将图层 2 隐藏，选择图层 1 中的文字，使用颜料桶工具将其填充为深灰色（#333333），再按键盘上的向下和向右的编辑键若干次，形成投影效果。如图 3.9 所示。

14．新建一个图形元件，命名为"文字 2"，进入该元件的编辑窗口，在其中输入文字"直降"。

15．返回到场景中，选择图层 1，将其改名为"背景"。选择该图层的第 1 帧，将库中的图形元件"背景"拖入舞台，并调整其大小比舞台略小些。

16．在"背景"图层之上新建一个图层，命名为"图片"，选择该图层的第 1 帧，从库中将导入的图片拖入舞台，调整其大小和位置，如图 3.10 所示。

图 3.9 制作投影文字　　　　　图 3.10 将图片从库中拖入

17．在"图片"图层之上新建一个图层，命名为"文字"。选择该图层的第 1 帧。将"库"面板中的图形元件"依恋"、"文字 1"和"文字 2"拖入舞台。调整它们的位置和大小，效果如图 3.11 所示。

18．该任务制作完成，保存文档，命名为"项目 1_网络购物网站的动画广告"。测试影片。

图 3.11　将文字图形元件等拖入舞台

三、技术支持

1．图形元件的修改。

如果需要修改已经绘制好的图形元件，则选定要编辑的图形元件，然后鼠标右击，在弹出的快捷菜单中选择一种编辑元件的方式。此处一共提供了三种元件编辑方式："在当前位置编辑"、"在新窗口中编辑"和"编辑"，如图 3.12 所示。

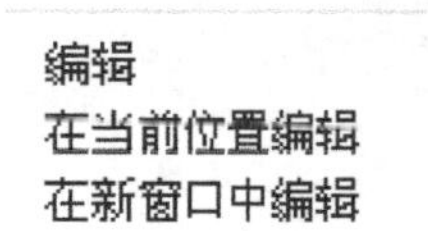

编辑
在当前位置编辑
在新窗口中编辑

图 3.12　三种元件编辑方式

（1）"在当前位置编辑"命令。该元件和其他对象一起出现在舞台上，该元件处于可以编辑状态，但其他对象是以灰色的不可编辑的方式出现的，这样很容易将它们区别开来。正在被编辑的元件名称显示在舞台上方场景名称右侧的编辑栏内。

（2）"在新窗口中编辑"命令。这是在一个单独的窗口中打开编辑元件，即窗口中只有该元件，其他的对象均不出现。正在编辑的元件名称会显示在舞台上方的编辑栏内。

（3）"编辑"命令。可将窗口从舞台视图更改为只显示该元件的单独视图来编辑元件。正在被编辑的元件名称显示在舞台上方场景名称右侧的编辑栏内。

2．图形元件如果被修改了，则所有用到该元件的地方都跟随着修改了，如下例。

（1）新建一个 Flash 文档。新建一个图形元件。

（2）进入该图形元件编辑窗口，选择多角星形工具，在该窗口中绘制一个红色的五角星形。

（3）切换到场景中，把该元件拖放入舞台中，如图 3.13 所示。此时，"库"面板中的元件形状与舞台场景的图形形状一致。

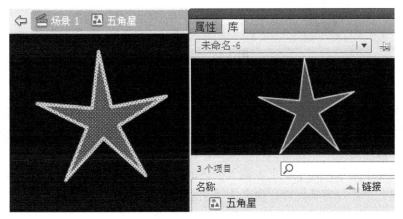

图 3.13　将制作好的"五角星"图形元件拖放入场景

（4）打开进入五角星图形元件编辑窗口，使用选择工具拖曳改变其图形形状。

（5）单击"主场景"按钮，返回到场景中，发现此时主场景中的图案也随之改变。

3．可以将已经绘制好的图形转换为元件。

如果已经在主场景中绘制了图形，但要将其转为元件，则不需要在元件编辑窗口中再绘制一次，只需在主场景中先选中该图形，然后单击菜单项"修改"/"转换为元件"，即可将当前已经绘制好的图形转换为元件。

3.1.2　任务 2：应用影片剪辑元件制作"动画装饰"

一、任务说明

一般将可重复使用的动画片段制作成影片剪辑元件。影片剪辑元件拥有独立于主时间轴的独立时间轴，可以看成主时间轴中嵌套着另一个时间轴，它可以包含交互式控件、声音，还可以包含图形元件或是其他影片剪辑元件等。本任务是在任务 1 完成的基础上，应用影片剪辑元件制作一些动画装饰效果，让整个购物广告更吸引眼球，其效果如图 3.14 所示。

图 3.14　动画装饰

二、任务步骤

1．打开任务 1 中制作完成的文档"项目 1_网络购物网站的动画广告.fla"。

2．新建一个图形元件，命名为"爆款"，进入该元件的编辑窗口，使用星形工具，绘制一个 20 个顶点的星形。使用颜料桶工具，将该星形填充为红黑颜色的放射状渐变。

3．使用文本工具，在星形上方输入橙色的文字"爆款"，如图 3.15 所示。

4．新建一个影片剪辑元件，命名为"动画爆款"，在该元件的编辑窗口中，将"库"面板中的图形元件"爆款"拖入第 1 帧。

5．分别选择第 5 帧和第 10 帧，鼠标右击，分别选择快捷菜单的"插入关键帧"，如图 3.16 所示。

图 3.15　"颜色"面板中添加两个颜色块　　　图 3.16　选择"插入关键帧"

6．选中第 5 帧中的图形，使用任意变形工具，将其放大。该影片剪辑元件制作完成。

7．创建图形元件，命名为"星星"，在该元件窗口，使用椭圆工具绘制四个椭圆形成一个"米"字形状。如图 3.17 所示。

8．新建一个影片剪辑元件，命名为"闪烁的星"。

9．进入该元件的编辑窗口，选择图层 1 的第 1 帧，将"库"面板中的元件"星星"

拖入舞台。

10．分别选择第 5 帧和第 10 帧，鼠标右击，选择快捷菜单的"插入关键帧"。分别选择第 5 帧和第 10 帧中的星星图形，使用任意变形工具分别将图形向顺时针和逆时针方向旋转一定的角度。

11．再分别选择第 1 帧和第 5 帧，鼠标右击，选择快捷菜单的"创建传统补间"，如图 3.18 所示。该影片剪辑元件制作完成。

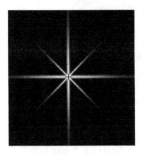

图 3.17　绘制椭圆

图 3.18　创建传统补间

12．创建图形元件，命名为"箭头"，在该元件窗口的图层 1 中，使用绘图工具绘制一个箭头图形，如图 3.19 所示。

13．新建一个影片剪辑元件，命名为"动画箭头"，在该元件的编辑窗口中，将"库"面板中的图形元件"箭头"拖入第 1 帧。

14．选择第 1 帧，鼠标右击，选择快捷菜单"创建补间动画"。

15．将播放头拖到第 10 帧，选择舞台中的箭头图形，将该图形稍向下移动。

16．将播放头拖到第 15 帧，选择舞台中的箭头图形，将该图形向上移动到原先第 1 帧的附近，如图 3.20 所示。

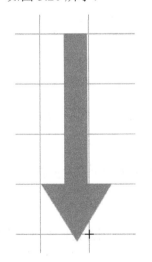

图 3.19　绘制"箭头"图形

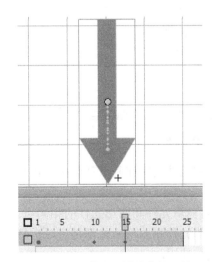

图 3.20　"箭头"影片剪辑元件

17．返回场景，在 "文字"图层之上新建一个图层，命名为"星星&爆款"。

18．选择"星星&爆款"图层的第 1 帧，将"库"面板中的"闪烁的星星"影片剪辑元件拖入舞台中，调整其大小，使其位于舞台左上角的"依恋"文字处，如图 3.21 所示。再拖入该影片剪辑元件，调整其大小，使其位于图片中衣服位置处，如图 3.22 所示。

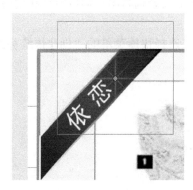

图 3.21 拖入"闪烁的星"　　　　图 3.22 再次拖入"闪烁的星"

19．再选择"星星&爆款"图层的第 1 帧，将"库"面板中的"动画爆款"影片剪辑元件拖入舞台中，调整其大小，且使其位于舞台左下角，如图 3.23 所示。

20．在主场景图层"图片"的上方新建一个图层，命名为"箭头"，将"库"面板中的"动画箭头"影片剪辑元件拖入舞台中，调整其大小，使其位于舞台的右边，如图 3.24 所示。

21．该任务制作完成，保存文档，测试影片。

图 3.23 拖入"动画爆款"　　　　图 3.24 拖入"动画箭头"

三、技术支持

影片剪辑元件是制作复杂动画必不可少的元件，实际上一个影片剪辑元件就是一个小 Flash 影片。

1．影片剪辑元件和图形元件的相同点。

影片剪辑元件和图形元件都是可以重复使用的，而且使用方便，都可以直接从"库"面板中拖出来使用。

2．影片剪辑元件和图形元件的不同点。

（1）影片剪辑元件的时间轴是独立于主时间轴的，而图形元件的时间轴其实是和主时间轴是同步的。下面来看一个小例子。

① 新建一个 Flash 文档。插入一个图形元件"A"。

② 进入该元件的编辑窗口，选择图层的第 1 帧，用椭圆工具绘制一个椭圆。

③ 单击选择第 10 帧，鼠标右击，在弹出的快捷菜单中选择"插入空关键帧"。选择第 20 帧，在该元件的编辑窗口中，用矩形工具绘制一个矩形。

④ 返回，单击选择第 1 帧，鼠标右击，选择"创建补间形状"。用鼠标在"时间轴"面板中拖动播放头测试，动画正常。

⑤ 单击"场景 1"按钮，返回到主场景。选择主时间轴的第 1 帧。选择"库"面板中的图形元件"A"拖放入主场景中，单击菜单项"控制"/"测试"/"测试影片"，弹出播放器播放影片。发现此时画面是静止的，没有播放动画，是因为图形元件的时间轴和主时间轴是同步的。

⑥ 下面用两种操作进行修改让动画播放正常。

第一种操作，在"库"面板中，选中"A"图形元件的名称，鼠标右击，在弹出的快捷菜单中选择"类型"/"影片元件"，将图形元件"A"修改为影片剪辑元件类型。返回主场景，将原先拖放入的实例删除，将修改类型后的"A"影片剪辑元件重新拖入舞台中。重新测试，发现此时动画播放正常，因为影片剪辑元件的时间轴是独立的。

第二种操作，不修改元件的类型，保持元件"A"为图形元件，但选择主场景时间轴的第 10 帧，鼠标右击"插入关键帧"，再单击菜单项"控制"/"测试"/"测试影片"，测试影片，发现此时动画正常了。

（2）在编辑环境中，只要按 Enter 键就可以查看图形元件的动画效果，而对于影片剪辑元件来说，一般只有导出动画，才可以查看效果。

（3）影片剪辑元件中可以使用 ActionScript 脚本。可以用动作脚本控制它的播放、暂停、跳转和颜色设置等。影片剪辑元件可包含音频文件，而图形元件即使包含音频文件，也是不会发出声音的。

3. 影片剪辑元件可以设置实例名称。

同一个元件可以创建多个实例，每个实例可以有不同的名称。实例名称一般在动作脚本中使用，这将在后面的第 7 章介绍。

4. 元件可以嵌套。

这是指一个元件可以包含另一个元件，如在图形元件中可以包含一个图形元件，在一个影片剪辑元件中可以包含图形元件或者包含另一个影片剪辑元件。

5. 元件制作完成后，将元件放置在舞台上或者放置在其他的元件中，就创建了该元件的实例。如果对元件进行修改，则该元件所对应的实例也随着改变。另外，每个实例又都有自己的属性，而且这些属性相对于元件又是独立的。对实例旋转、缩放或改变实例的颜色、亮度和透明度等，是不会改变元件，也不会影响到其他元件的。相反，如果对元件进行编辑和修改，则会影响到实例。

当选中某个实例后，打开"属性"面板，就可以设置实例的颜色、亮度和透明度等属性，这些属性的修改仅仅针对选中的实例，对其他的实例则不影响。如图 3.25 所示就是实例的"属性"面板，在其中可以进行改变实例类型、亮度、色调、透明度和替换实例等操作。

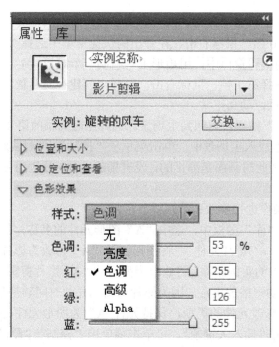

图 3.25　元件的"属性"面板

（1）改变元件和实例的类型。每个元件创建之后，其类型是可以更改的。可以在"库"面板中的列表中选择元件，鼠标右击，在弹出的快捷菜单中选择"属性"，在图 3.26 中，通过选择"类型"进行更改。实例的最初类型都和其所对应的元件类型相同，但是实例的类型也是可以更改的。可以在舞台中单击选中实例，然后选择单击"属性"面板中实例类型的列表项进行修改。

（2）改变实例的亮度。在"属性"面板的"色彩效果"的"样式"列表中选择"亮度"选项，弹出其相应参数进行设置，如图 3.27 所示；可以在其中输入亮度参数，值介于 0～100 之间；或者拖动滑块，改变其亮度参数就可以改变该实例的亮度。

图 3.26　"元件属性"对话框　　　　　图 3.27　"亮度"选项

（3）改变实例的色调。使用色调可以将实例的颜色从一种变到另一种，如图 3.28 所示。选中该实例后，单击"色调"按钮右侧色块，弹出的调色板，从中选择新的颜色；或者依次调整其中的"色调"、"红"、"绿"和"蓝"各项参数。再或者，可以拖动滑块来设置；可以指定新颜色的纯度，该参数值越高，颜色越纯；如果该值为 0%，则不起作用。

（4）改变实例的透明度。选中实例后，在"色彩效果"的"样式"列表中选择 "Alpha"，可以在文本框中输入 0～100 之间的参数值后按 Enter 键，或者拖动滑块，改变实例的透明度。该值越低，图形越透明，如果调到 0%，则实例完全看不见。

（5）通过"高级"效果对话框改变实例的颜色。选中实例后，单击**颜色**右侧的黑色三角按钮，选择"高级"，弹出"高级"效果对话框，如图 3.29 所示。在该对话框中分别单击红、绿、蓝三原色、透明度和明亮度右侧的按钮，拖动滑块，可以改变实例的颜色、透明度。

图 3.28 "色调"选项　　　　　图 3.29 "高级"效果对话框

（6）替换实例。选中实例后，单击"属性"面板中的 交换… 按钮，在弹出的菜单中选择"交换元件"，可以弹出"交换元件"对话框，如图 3.30 所示。在该对话框中显示当前应用的元件，在中间的元件列表中单击要替换现有元件的元件，然后再单击右侧的"确定"按钮，就替换当前元件了，而且在替换的同时保持实例原来的位置和变形等相关属性。该操作也可以通过先选中实例，鼠标右击，在弹出的快捷菜单中选择"交换元件"菜单项来完成，或者单击菜单项"修改"/"元件"/"交换元件"来完成。

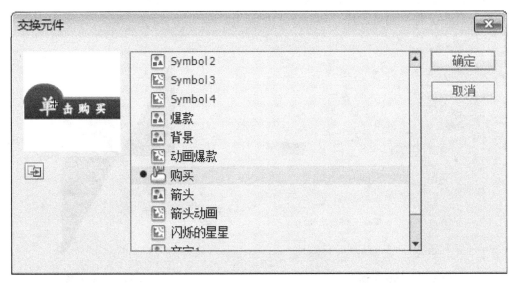

图 3.30 "交换元件"对话框

6. 下面以一个制作五彩风车的小案例来介绍实例属性的调整。

（1）新建一个 Flash 文档。

（2）新建一个图形元件，命名为"风车叶片"。在其中利用绘图工具制作一个风车叶片图形，颜色为绿色，如图 3.31 所示。

（3）再新建一个图形元件，命名为"风车"，在其编辑窗口中，将"风车叶片"元件拖入四次到编辑窗口中，组成一个风车的形状。如图 3.32 所示。

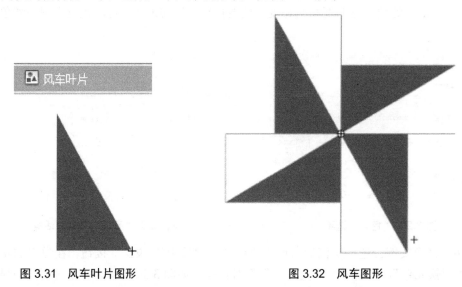

图 3.31　风车叶片图形　　　　　　　　　图 3.32　风车图形

（4）选中其中的一个风车叶片，打开其"属性"面板的"色彩效果"，选择"色调"，将该风车叶片调整成红色，如图 3.33 所示。

（5）使用同样的方法，将另外两个叶片的颜色调整成蓝色和黄色，如图 3.34 所示。

（6）返回到主场景，将制作好的影片剪辑元件"风车"拖入舞台。

（7）保存文件，测试影片。

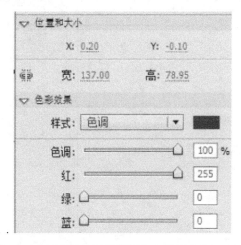

图 3.33　调整色调

图 3.34　风车图形

3.1.3 任务3：应用按钮元件制作按钮"单击购买"

一、任务说明

按钮元件可以创建响应鼠标单击、滑过或其他动作的交互式按钮。可以定义与各种按钮状态关联的图形，然后将动作指定给按钮实例。本任务就是在任务2的基础上，使用按钮元件制作响应鼠标显示动态按钮效果，其效果如图3.35所示。

图3.35 添加按钮后的效果图

二、任务步骤

1. 打开任务2中制作完成的文档"项目1_网络购物网站的动画广告"。

2. 单击菜单项"插入"/"新建元件"，在弹出的对话框中，设置类型为"按钮"，名称为"购买"，如图3.36所示。

图3.36 创建按钮元件

3. 在该元件图层1的"弹起"帧，使用绘图工具绘制一个按钮的图形。选择线性渐变，将按钮图形填充为黑白上下渐变的效果，如图3.37所示。

4. 选择该图层的"弹起"帧，鼠标右击，选择"复制帧"。

5. 在图层1的上方新建一个图层，命名为"图层2"，选择该图层的"弹起"帧，鼠标右击，选择"粘贴帧"。

6．选择图层 2 的"弹起"帧中的图形，将线性渐变颜色调整为红－深红渐变，且将该图形稍向下移，如图 3.38 所示。

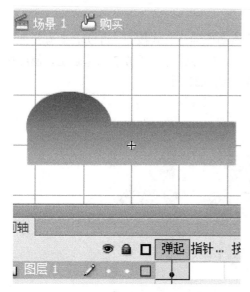

图 3.37 在"弹起"帧绘制按钮图形　　图 3.38 在"图层 2"的"弹起"帧绘制按钮图形

7．在图层 2 的上方新建一个图层，命名为"图层 3"，选择该图层的"弹起"帧，选择文本工具输入文本"单击购买"，将文字颜色设置为白色，如图 3.39 所示。

8．分别选择图层 1、图层 2 和图层 3 的"指针"和"按下"帧，鼠标右击，选择"插入关键帧"。

9．选择图层 3 的"指针"帧中的文字，将文本颜色修改为黄色，如图 3.40 所示。

图 3.39 在图层 3 输入文字　　图 3.40 改变"指针"帧文字颜色

10．返回场景。在图层"星星&爆款"的上方新建一个图层，命名为"按钮"。选择该图层的第 1 帧，将"库"面板中的"购买"按钮元件拖入到舞中的右下方，调整其大小，如图 3.41 所示。

11．该任务制作完成，保存文档，测试影片。

图 3.41　将"购买"按钮元件拖入"按钮"图层

三、技术支持

1．按钮元件的帧面板与图形元件和影片剪辑元件的不同，它只有 4 个帧：弹起、指针经过、按下和点击。

（1）弹起：表示鼠标指针不在按钮上时的状态。

（2）指针经过：表示鼠标指针在按钮上时的状态。

（3）按下：表示在按钮上按下鼠标时的状态。

（4）点击：用于设置鼠标单击有效的区域。如果没有特意设置，则默认"按下"帧的图形区域。

2．Flash 中还自带了公用库，公用库有按钮、声音和类三种类型。单击菜单项"窗口" /"公用库"，在其菜单中单击打开相应的面板，从中可以将其提供的元素添加到文档中。

3．外部库中的元素的调用。如果要使用外部库中的素材，可以单击菜单项"文件" /"导入" / "打开外部库"，打开其他的 Flash 文档文件中的"库"面板，将外部库中的元素拖放入当前正在编辑的文件中，以达到调用外部库中的素材，在调用外部库时，会在当前的文档库中生成对应的元素。另外，如果在编辑窗口中打开了多个 Flash 文档，则打开"库"面板，单击其中的 未命名-1 ，在弹出的文件列表中选择其他的文件名，则可以打开该文件的"库"面板，也可以在当前文件中调用该文件的元素。

4. 实例可以进行分离。它的分离与文字的分离、图片的打散操作相同。因为在一般情况下，对实例应用上述的修改设置即能满足需求，但有时又需要只对实例的局部做一些调整，而不是对实例进行整体的改变，这时就必须在执行实例的分离、中断与元件之间的关联后，才能对其进行个别的编辑修改。

（1）新建一个 Flash 文档。新建一个图形元件。

（2）进入到该元件编辑窗口，选择多角星形工具，在该窗口中绘制一个五角星形。

（3）切换到场景中，把该元件拖放入舞台中。

（4）如果需要对舞台的五角星实例进行修改，则按 Ctrl+B 组合键，将该实例分离。

（5）然后对其调整。例如选择任意变形工具对它进行变形调整。

（6）打开"库"面板，发现库中的图形元件不受任何影响，没有任何变化，还是五角星形，而场景中的图形却与其不同，如图 3.42 所示。

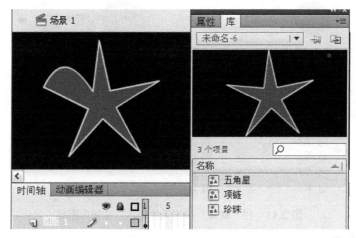

图 3.42　分离后舞台上的实例和库中元件的图形不一样

（7）进入到"元件 1"图形元件编辑窗口，对五角星形进行调整。

（8）观察舞台中的实例，它不随元件的变化而变化。此时不做任何改变，即实例与元件之间已经中断关联了，如图 3.43 所示。

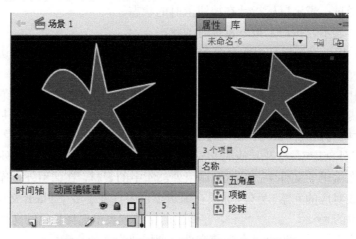

图 3.43　分离后舞台上的实例和元件中断关联

3.2 项目 2 操作进阶——综合应用三种类型元件制作"荷塘戏鱼"

3.2.1 操作说明

本项目主要是综合应用三种类型的元件制作完成，其效果如图 3.44 所示。

图 3.44 "项目 2 荷塘戏鱼"效果图

3.2.2 操作步骤

1. 新建一个 Flash 文档，尺寸为"550 像素×400 像素"，背景颜色为"黑灰色（#617A78）"。

2. 单击菜单项"插入"/"新建元件"，如图 3.45 所示。在弹出的对话框中，将元件命名为"荷叶 1"，类型为"图形"。

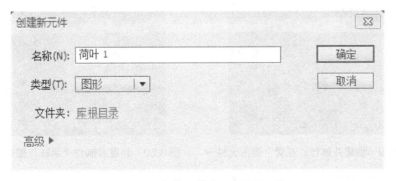

图 3.45 创建"荷叶 1"图形元件

2．进入该元件的编辑窗口中，应用在第 2 章项目 2 "荷塘" 中绘制 "荷叶" 的方法绘制荷叶图形，如图 3.46 所示。

3．也可以打开第 2 章项目 2 "荷塘.fla"，将其中绘制好 "荷叶" 和 "叶脉" 图形选中，单击鼠标右键，选择快捷菜单中的 "转换为元件" 菜单项，如图 3.47 所示。

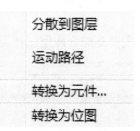

图 3.46　绘制的荷叶 1 图形　　　　图 3.47　选择 "转换为元件" 菜单项

4．在弹出的 "转换为元件" 对话框中。输入 "荷叶 1"，将 "类型" 选择为 "图形"，如图 3.48 所示。

图 3.48　在 "转换为元件" 对话框中设置

5．用步骤 2 或步骤 3 的方法创建 "花蕾" 图形元件，如图 3.49 所示。

6．用步骤 2 或步骤 3 的方法创建 "水珠" 图形元件，如图 3.50 所示。

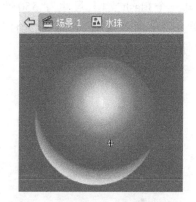

图 3.49　创建并制作 "花蕾" 图形元件　　　图 3.50　创建并制作 "水珠" 图形元件

7．创建 "荷叶 2" 图形元件，选择椭圆工具，设置笔触颜色为浅绿色（#60A857），笔触高度为 1，样式为点刻线；填充颜色为绿色（#60A857）；在"荷叶 2"图形元件窗口中绘制另一个荷叶图形，如图 3.51 所示。

8．创建"水草"图形元件，在其中选择钢笔工具绘制水草轮廓，再使用颜料桶工具填充色彩，如图 3.52 所示。

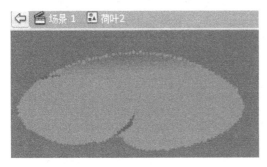 

图 3.51　创建并制作"荷叶 2"图形元件　　图 3.52　创建并制作"水草"图形元件

9．创建"鱼 1"影片剪辑元件，选择椭圆工具，取消笔触，填充颜色为径向渐变，在渐变颜色栏中设置左边颜色块为浅灰色（#858FA5），右边的颜色块为深灰色（#20251F）；在第 1 帧中绘制椭圆；再使用选择工具将椭圆修改为右边较尖细的效果，如图 3.53 所示。

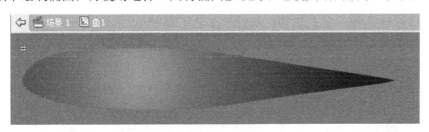

图 3.53　绘制"鱼 1"图形元件的椭圆

10．使用椭圆工具绘制鱼的眼睛和嘴巴，如图 3.54 所示。

图 3.54　绘制"鱼 1"图形元件的眼睛和嘴巴

11．绘制鱼的鳍，并填充颜色如图 3.55 所示。

图 3.55　绘制"鱼 1"图形元件的鳍

12．选择"鱼 1"元件的第 3 帧，鼠标右击，选择"插入关键帧"；修改鱼尾部的图形，如图 3.56 所示。

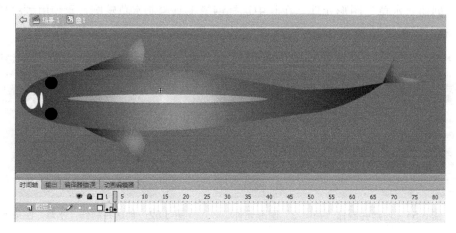

图 3.56　在第 3 帧修改鱼尾部图形

13．选择"鱼 1"元件的第 1 帧，鼠标右击，选择"复制帧"；再选择第 5 帧，鼠标右击，选择"粘贴帧"。

14．选择第 7 帧，右击鼠标，选择"插入关键帧"；修改鱼尾部图形，如图 3.57 所示。

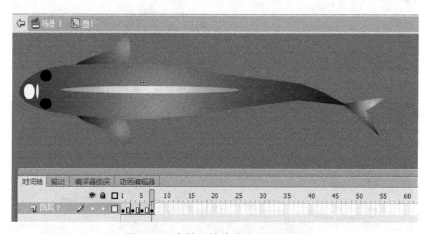

图 3.57　在第 7 帧修改鱼尾部图形

15．在"库"面板中，选择"鱼 1"影片剪辑元件，鼠标右击，选择"直接复制"，如图 3.58 所示。

16．在弹出的"直接复制元件"对话框中，输入"鱼 2"作为元件名称，选择"影片剪辑"类型，如图 3.59 所示。

17．进入"鱼 2"元件编辑窗口，分别修改第 1 帧、第 3 帧、第 5 帧和第 7 帧中鱼的颜色为红-橙渐变色，注意保持这几个关键帧中鱼的颜色一致，如图 3.60 所示。

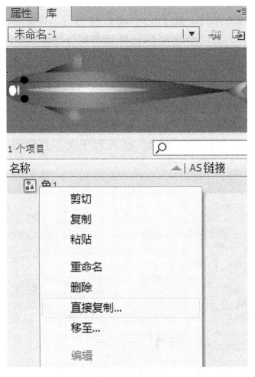

图 3.58 直接复制"鱼 1"图形元件

图 3.59 创建"鱼 2"影片剪辑元件

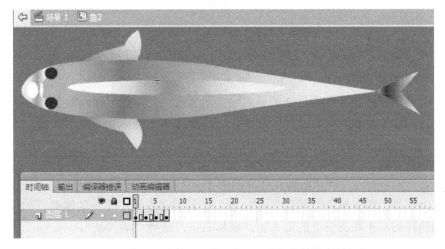

图 3.60 修改影片剪辑元件"鱼 2"中各关键帧鱼的颜色

18．创建一个影片剪辑元件，命名为"动荷叶 1"；在该元件中制作荷叶动画。进入该元件编辑窗口，从"库"面板中将图形元件"荷叶 1"拖入。

19．选择该元件的第 1 帧，鼠标右击，选择"复制帧"。选择第 3 帧，右击鼠标，选择"粘贴帧"，将第 1 帧复制到第 3 帧。

20．选择第 3 帧中的荷叶图形，分别向右、向下移动 1 个像素。荷叶动画制作完成。

21．在影片剪辑元件"荷叶 1"图层 1 上方新建一个图层"图层 2"，选择图层 2 的第 1 帧，从"库"面板中将图形元件"水珠"拖入若干次，且使用任意变形工具调整水珠，使其大小不一。效果如图 3.61 所示。

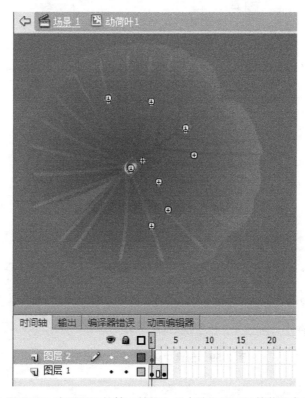

图 3.61　在图层 2 的第 1 帧拖入"水珠"图形元件若干个

22．选择图层 2 的第 3 帧，鼠标右击，选择"插入关键帧"，选择水珠群，分别向右、向下移动 1 个像素。

23．分别选择图层 1 和图层 2 的第 6 帧，鼠标右击，选择"插入帧"。

24．再创建一个影片剪辑元件，命名为"动荷叶 2"；进入该元件编辑窗口，从"库"面板中将图形元件"荷叶 2"拖入。

25．重复步骤 17 和步骤 18，制作动画。

26．在"动荷叶 2"影片剪辑元件的图层 1 之上新建图层 2，选择第 1 帧，选择椭圆工具，取消笔触，填充颜色为灰色（#87A082），绘制多个大小不一的椭圆，如图 3.62 所示。分别选择图层 1 和图层 2 的第 6 帧，鼠标右击，选择"插入帧"。

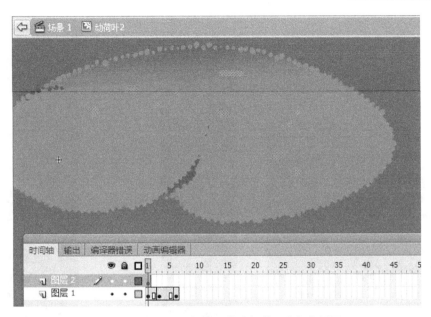

图 3.62 在图层 2 的第 1 帧绘制若干个灰色椭圆

27. 下面制作柳枝动画。首先先绘制柳叶。新建一个影片剪辑元件，命名为"柳叶1"，绘制柳叶形状并填充绿色，如图 3.63 所示。

28. 选择该图层的第 3 帧，插入关键帧，选中柳叶图形，使用任意变形工具将柳叶绕上方的端点为支点略逆时针旋转一点角度，如图 3.64 所示。

图 3.63 在第 1 帧绘制柳叶形状

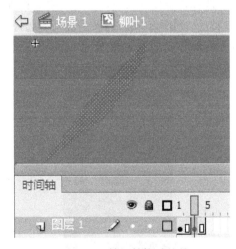

图 3.64 第 3 帧柳叶状状

29. 选择该图层的第 4 帧，鼠标右击，选择"插入帧"。

30. 重复步骤 27～29，用同样的方法绘制影片剪辑元件"柳叶2"，如图 3.65 所示。

31. 新建图形元件"柳枝1"。在该元件编辑窗口中，先绘制一个棕绿色的柳枝。再从"库"面板中拖入元件"柳叶1"和"柳叶2"若干次，组成柳枝的图形，如图 3.66 所示。

32. 新建图形元件"柳枝2"。在该元件编辑窗口中，先绘制一个棕绿色的柳枝。再从"库"面板中拖入元件"柳叶1"和"柳叶2"若干次，组成柳枝的图形，如图 3.67 所示。

图 3.65 影片剪辑元件"柳叶 2"　　图 3.66 元件"柳枝 1"　　图 3.67 元件"柳枝 2"

33．新建影片剪辑元件"动柳枝 1"。选择第 1 帧，从"库"面板中拖入图形元件"柳枝 1"。选择任意变形工具，将支点调整到柳枝的上方端点，向左旋转柳枝，如图 3.68 所示。

34．选择第 15 帧，插入关键帧。选择任意变形工具，将支点调整到柳枝的上方端点，向右旋转柳枝，如图 3.69 所示。

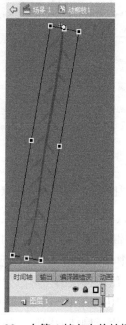

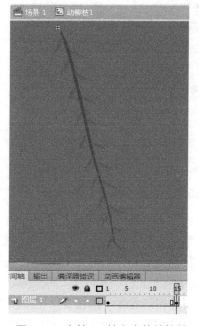

图 3.68 在第 1 帧向左旋转柳枝　　　　图 3.69 在第 15 帧向右旋转柳枝

35．选择第 1 帧，将第 1 帧复制帧、粘贴帧到第 30 帧。

36．分别选择第 1 帧和将第 15 帧，鼠标右击，选择"创建传统补间"。制作完成后的时间轴如图 3.70 所示。

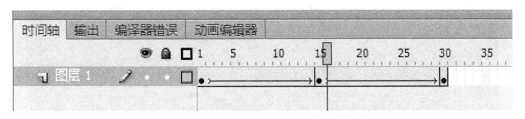

图 3.70 制作传统补间的时间轴

37．新建影片剪辑元件"动柳枝 2"。重复步骤 32～36，制作其左右摆动的动画。

38．新建影片剪辑元件"游鱼 1"，选择第 1 帧，将影片剪辑元件"鱼 1"拖入。调整"鱼 1"图形大小。使其位于屏幕的左边。

39．选择第 15 帧，插入关键帧。将"鱼 1"拖到右前方并缩小，如图 3.71 所示。

图 3.71 第 15 帧的"鱼 1"的位置和大小

40．选择第 20 帧，插入关键帧。将"鱼 1"图形在原处顺时针旋转，使其头朝右下方，如图 3.72 所示。

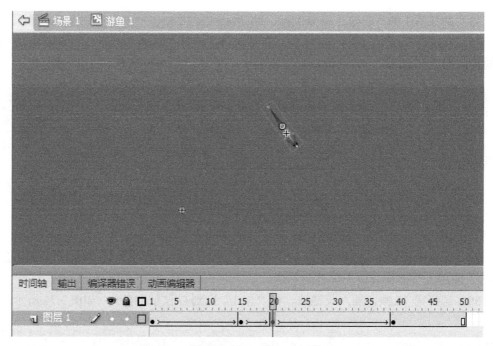

图 3.72　第 20 帧的"鱼 1"的位置和大小

41．选择第 38 帧，插入关键帧。将"鱼 1"图形往右下方拖动。且选择"属性"面板中的"色彩效果"，选择样式"Alpha"，设置为 0%，如图 3.73 所示。

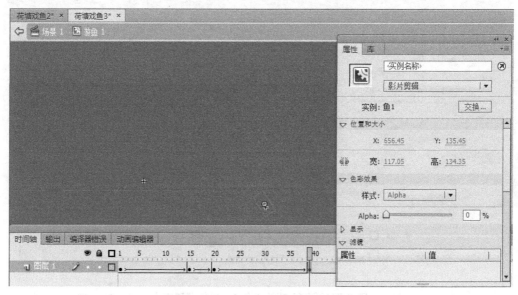

图 3.73　第 38 帧的"鱼 1"的位置和大小及"Alpha"值

42．分别选择第 1、15 和 20 帧，鼠标右击，选择"创建传统补间"。 选择第 50 帧，插入帧。

43．新建影片剪辑元件"游鱼 2"，重复步骤 38～42，制作"游鱼 2"的游动动画，如图 3.74 所示。

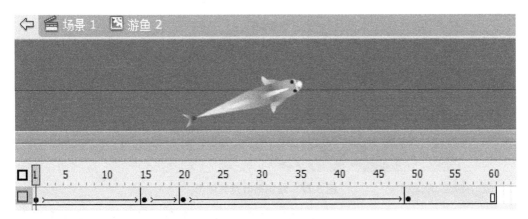

图 3.74 影片剪辑元件"游鱼 2"

44．新建一个按钮元件，命名为"消失的鱼"。

45．选择该元件的"弹起"帧，从"库"面板中拖入影片剪辑元件"游鱼 1"；选择"指针"帧，从"库"面板中拖入影片剪辑元件"游鱼 1"；将"弹起"帧复制到"按下"帧，如图 3.75 所示。

46．单击"场景 1"，选择图层 1，将其重命名为"背景"。

47．选择基本矩形工具，在其"属性"面板中，设置笔触颜色为深蓝绿色（#736262），笔触高度为 2，填充颜色为线性渐变；在颜色编辑器中设置左边的颜色块为浅蓝绿色 #566A6B，右边的颜色块为深蓝绿色（#A7DCCA），矩形选项为"15"，绘制矩形。

48．选择矩形，使用渐变变形工具逆时针旋转 90°，将圆角矩形中的渐变调整为上下渐变，如图 3.76 所示。

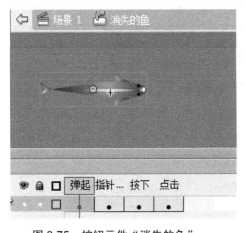

图 3.75 按钮元件"消失的鱼"

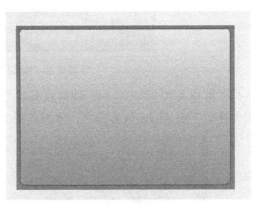

图 3.76 绘制背景

49．在背景图层之上，新建一个图层，命名为"荷叶群"。选择该图层的第 1 帧，将"库"面板中的"动荷叶 1"影片剪辑元件拖入两次，并使用任意变形工具调整形状与大小。

50．选择第二次拖入的实例，将其调整成倒影。选择"属性"面板中的"色彩效果"，在"样式"中选择"色调"，其参数和效果如图 3.77 所示。

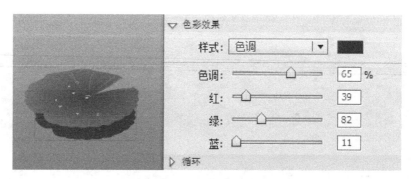

图 3.77　绘制荷叶及其倒影

51．用同样的方法，在"荷叶群"图层的第 1 帧绘制多个色调、亮度、大小和形态不一的荷叶。

52．选择"荷叶群"图层的第 1 帧，继续拖入影片剪辑元件"动荷叶 2"、图形元件"水草"、"花蕾"，并适当调整其位置、色调、亮度、大小和形态。效果如图 3.78 所示。

图 3.78　绘制荷叶及其倒影

53．再拖入"水草"实例，调整成水草的倒影。使用任意变形工具将其垂直翻转，并调整"样式"的 Alpha 值为 28%，效果如图 3.79 所示。

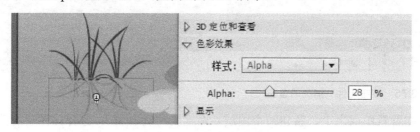

图 3.79　绘制水草的倒影

54．从"库"面板中选择影片剪辑元件"动柳枝 1"和"动柳枝 2"，拖入若干次，并逐个调整位置、色调、亮度、大小，如图 3.80 所示。

图 3.80　绘制荷叶及其倒影

55．从"库"面板中分别选择影片剪辑元件"游鱼 1"、"游鱼 2"和按钮元件"消失的鱼"拖入，且调整各实例的位置、大小。并将图层"鱼"往下拖到图层"荷叶群"的下方，如图 3.81 所示。

图 3.81　设置图层"鱼"中的鱼

56．在图层"荷叶群"之上，新建图层"文字"，在舞台的左上方输入文字"荷塘戏鱼"，并设置文字，效果如图 3.82 所示。

57．该项目即制作完成。

图 3.82　设置图层"文字"中的文字

习题

1．填空题

（1）元件用于存储可重复使用的图形、按钮和动画，在 Flash 中可以创建＿＿＿＿＿、＿＿＿＿＿＿和＿＿＿＿＿＿＿三种类型的元件。

（2）如果要设置实例为完全透明，则要将该实例的＿＿＿＿＿＿＿值设置为＿＿＿＿＿＿。

（3）将影片剪辑元件的实例类型改为＿＿＿＿＿＿＿后，变成可以指定实例的开始帧。

（4）执行菜单项＿＿＿＿＿＿＿＿＿＿，可以打开"新建元件"对话框，创建各种类型的元件。

（5）在＿＿＿＿＿＿＿中可以使用 ActionScript 脚本。

2．选择题

（1）＿＿＿＿＿＿＿元件必须为其指定足够的帧才能播放动画效果。

    A．按钮   B．影片   C．图形   D．所有类型

（2）在 Flash 编辑窗口中，＿＿＿＿＿＿＿查看影片剪辑元件的动画效果。

    A．可以   B．不可以

（3）在下列的＿＿＿＿＿＿帧中可以定义按钮响应鼠标的响应区域。

    A．"弹起"   B．"指针"

    C．"按下"   D．"点击"

（4）以下各种关于图形元件的叙述，正确的是＿＿＿＿＿＿＿。

    A．可用来创建可重复使用的，并依赖于主电影时间轴的动画片段

    B．可用来创建可重复使用的，但不依赖于主电影时间轴的动画片段

    C．可以在图形元件中使用声音

    D．可以在图形元件中使用交互式控件

（5）下列关于元件和实例的说法，正确的是＿＿＿＿＿＿。

    A．修改实例，则元件也随着改变   B．修改实例，则元件不随着改变

    C．修改元件，则实例也随着改变   D．实例和所对应的元件没有任何关系

3．思考题

（1）什么是元件？什么是实例？二者之间存在什么关系？

（2）图形元件和影片剪辑元件的区别是什么？

实训五　Flash 三种类型元件的创建和应用

一、实训目的

掌握三种元件的创建和应用。掌握实例和元件的关系。

二、操作内容

1．应用图形元件创建五彩的风车，如图 3.83 所示。

（1）新建文档。插入图形元件，在图形元件中使用绘图工具绘制一个风车叶片。

（2）再创建一个图形元件，在其中分别拖入四个图形元件，组成一个风车。

（3）并逐个修改实例的属性，即将各个叶片修改成不同的色彩。

（4）返回场景，将风车图形元件拖入两个到舞台中，调整大小不同，设置 Alpha 值。

（5）保存文件，测试影片。

图 3.83　风车

2．应用图形元件和影片剪辑元件制作一个"会动的风铃"，如图 3.84 所示。

（1）新建一个 Flash 文档。创建图形元件，在其绘制风铃的顶部三角形图案。

（2）创建图形元件，在其绘制风铃的铃铛图案。

（3）创建一个影片剪辑元件，拖入铃铛图形，制作铃铛摆动的动画效果。

（4）返回到场景，拖入顶部图案的图形元件，再拖入铃铛影片剪辑元件，组成风铃形状。

（5）保存文件，测试影片。

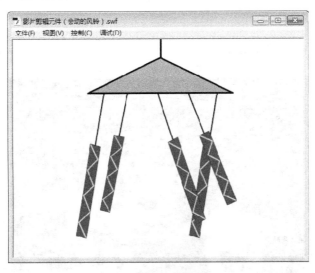

图 3.84　风铃

3．应用图形元件、影片剪辑元件和按钮元件制作"动态按钮"，如图 3.85 所示。

（1）新建 Flash 文档。

（2）创建图形元件，使用绘图工具制作立体按钮图形 1。

（3）创建图形元件，使用绘图工具制作立体按钮图形 2。

（4）创建图形元件，使用绘图工具制作立体按钮图形 3。

（5）创建按钮元件，将前面制作好的三个图形拖入按钮元件的三个帧中。

（6）返回到主场景中，将制作好的按钮元件拖放到舞台中。

（7）保存文件，测试影片。

图 3.85   动态按钮

4．应用三种类型的元件制作"母亲节电子贺卡"，如图 3.86 所示。

（1）新建 Flash 文档。

（2）创建图形元件，使用绘图工具和色彩填充制作一颗珍珠的图形。

（3）应用制作好的一颗珍珠制作一串项链。

（4）创建影片剪辑元件，制作闪烁的星星。

（5）创建按钮元件，制作文字按钮。

（6）创建影片剪辑元件，制作转动的风车。

（7）返回到场景，将制作好的各个元件拖入舞台。

（8）保存文件，测试影片。

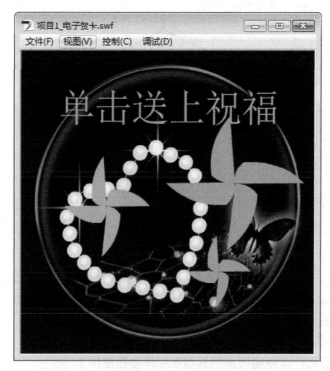

图 3.86   电子贺卡

第 4 章

创建一般动画

Flash 作品一般都是以动画形式出现的，掌握好动画的操作是非常重要的。在前面项目的影片剪辑元件的制作中，我们其实已经接触了动画制作，但没有系统和完整地学习。本章主要介绍逐帧动画的制作和动画预设的功能。其中，逐帧动画是传统的动画创建形式，它是通过更改每一帧中的舞台内容来制作动画的，又称为"帧-帧"动画。动画预设是从 Flash CS4 版本之后新增加的功能之一，它将预先制作好的补间动画片段内置于系统中，只要安装了 Flash CS6 应用程序，就有动画预设功能了，可以直接将其快速地应用到适用的对象上，从而快捷地制作出动画效果。另外，还可以根据需要创建并保存自定义预设动画，或者导入和导出预设动画。

⇒ 4.1 项目 1 制作"扣篮"

本项目主要是使用逐帧动画和预设动画来制作一个具有一定情节的小动漫影片，其效果如图 4.1 所示；本项目分解为以下的两个任务制作来完成。

图 4.1 项目 1 "扣篮" 效果图

4.1.1 任务 1：应用逐帧动画制作"扣篮"

一、任务说明

创建逐帧动画，需要将每一帧都定义为关键帧，然后在每帧中创建不同的图形内容，最后再通过时间轴播放这些画面，从而串成动画。它比较适合于制作复杂的动画，特别是每个关键帧中图形的变化不是简单运动变化的动画，如人跑步和走路、动物奔跑、鸟飞翔等，但是逐帧动画会增大文件所占用的空间。本任务主要介绍应用逐帧动画制作一个火柴人扣篮的效果，如图 4.2 所示。

图 4.2　火柴人扣篮的效果

二、任务步骤

1．新建一个 Flash 文档，背景色为"白色"，尺寸为默认。

2．新建一个名称为"球"的图形元件。进入该元件的编辑窗口，使用椭圆工具和线条工具等绘制一个篮球图形，如图 4.3 所示。

3．新建 17 个图形元件，分别命名为数字"1"至"17"。进入这些元件的编辑窗口，用"工具"面板中的椭圆工具和线条工具等分别绘制不同动作状态的小人图形，如图 4.4～图 4.20 所示。

图 4.3　"球"图形元件

图 4.4　"1"图形元件

图 4.5　"2"图形元件

图 4.6 "3" 图形元件

图 4.7 "4" 图形元件

图 4.8 "5" 图形元件

图 4.9 "6" 图形元件

图 4.10 "7" 图形元件

图 4.11 "8" 图形元件

图 4.12 "9" 图形元件

图 4.13 "10" 图形元件

图 4.14 "11" 图形元件

图 4.15 "12" 图形元件

图 4.16 "13" 图形元件

图 4.17 "14" 图形元件

图 4.18 "15"图形元件   图 4.19 "16"图形元件   图 4.20 "17"图形元件

4．新建一个图形元件，命名为"篮球架"，在该元件编辑窗口中用线条工具等绘制篮球架图形，如图 4.21 所示。

5．返回到场景中，选择图层 1 的第 1 帧，选择文本工具输入文本"神勇火柴人"，将文本设置为黑色，黑体，64 号字。并且使用矩形工具，在舞台的上、下方各绘制一个长方形，长方形的长度与舞台相同，如图 4.22 所示。

图 4.21 "篮球架"图形元件   图 4.22 图层 1 的第 1 帧的效果

6．选择图层 1 的第 20 帧，插入空白关键帧。使用文本工具，在舞台中输入文本"扣"字，设置字体为"黑体"，60 号字，黑色。调整其在舞台右上方，如图 4.23 所示。

7．选择图层 1 的第 25 帧，插入关键帧，使用文本工具，在"扣"字之后输入"篮"字，如图 4.24 所示。

8．在图层 1 的上方新建一个图层，命名为"图层 2"。选择该图层的第 20 帧，插入关键帧。选择该帧，将"库"面板中的"篮球架"、"1"和"篮球"元件拖入舞台，且调整它们的位置和大小到合适，如图 4.25 所示。

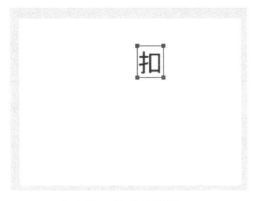

图 4.23　"扣"字位置　　　　　　　　图 4.24　"扣篮"字位置

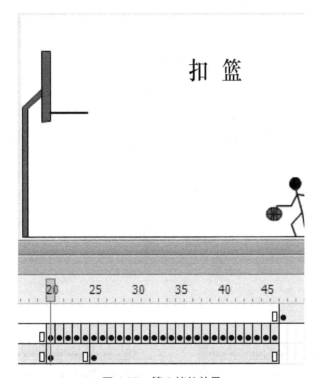

图 4.25　第 2 帧的效果

9．选择图层 2 的第 21 帧，插入关键帧。选择舞台中的"1"元件实例，单击"属性"面板中的"交换"按钮，在弹出的"交换元件"对话框中选择"2"元件，最后单击"确定"按钮，如图 4.26 所示，就将舞台中的"1"元件实例替换成了"2"元件实例。

10．调整第 21 帧舞台"2"元件实例和"篮球"元件实例的位置，如图 4.27 所示。

11．复制第 20 帧，粘贴到第 22 帧。略向右移动该帧舞台"1"和"篮球"元件实例的位置，如图 4.28 所示。

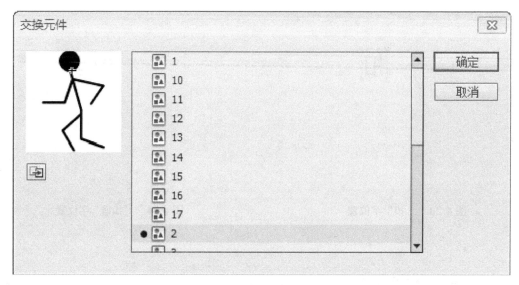

图 4.26 "交换元件"对话框

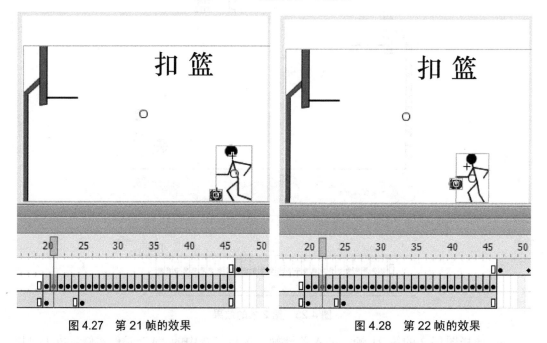

图 4.27 第 21 帧的效果　　　　　　　图 4.28 第 22 帧的效果

12．复制第 21 帧，粘贴到第 23 帧。继续向右移动该帧舞台 "2" 和 "篮球" 元件实例的位置，如图 4.29 所示。

13．复制第 20 帧，粘贴到第 24 帧。继续向右移动该帧舞台 "1" 和 "篮球" 元件实例的位置，如图 4.30 所示。

14．复制第 21 帧，粘贴到第 25 帧。继续向右移动该帧舞台 "2" 和 "篮球" 元件实例的位置，如图 4.31 所示。

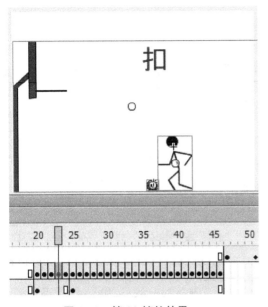

图 4.29　第 23 帧的效果

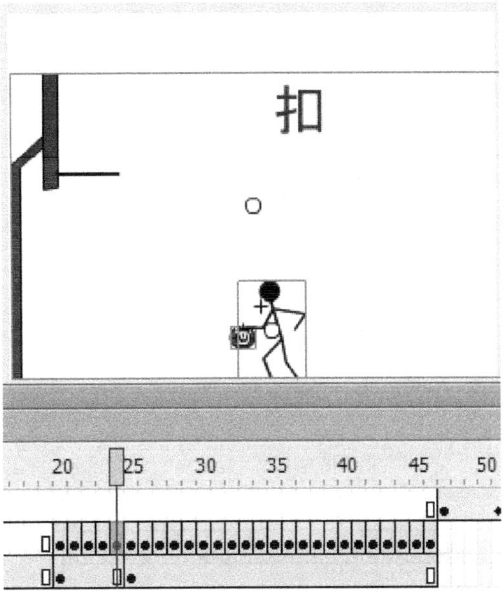

图 4.30　第 24 帧的效果

15．选择第 26 帧，插入关键帧。在该帧中，将舞台中的"2"实例交换为"3"图形元件，调整交换后舞台中的"3"和"篮球"元件实例的大小和位置，如图 4.32 所示。

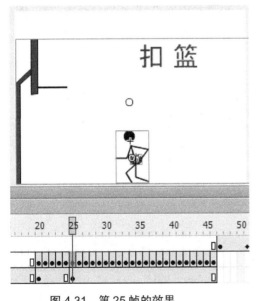

图 4.31　第 25 帧的效果

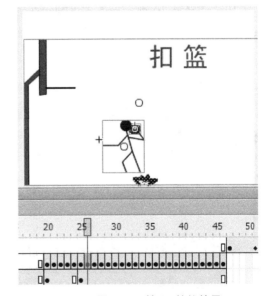

图 4.32　第 26 帧的效果

16．选择第 27 帧，插入关键帧。在该帧中，将舞台中"3"和"篮球"元件实例位置向左上方移动，如图 4.33 所示。

17．选择第 28 帧，插入关键帧。在该帧中，将舞台中的"3"实例交换为"4"图形元件，调整交换后舞台中的"4"和"篮球"元件实例的大小和位置，如图 4.34所示。

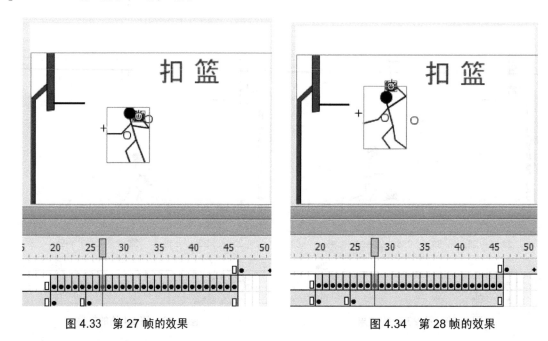

图 4.33　第 27 帧的效果　　　　　　　图 4.34　第 28 帧的效果

18. 选择第 29 帧，插入关键帧。在该帧中，将舞台中 "4" 和 "篮球" 元件实例位置向左上方移动，如图 4.35 所示。

19. 选择第 30 帧，插入关键帧。在该帧中，将舞台中的 "4" 实例交换为 "5" 图形元件，调整交换后舞台中的 "5" 和 "篮球" 元件实例的大小和位置，如图 4.36 所示。

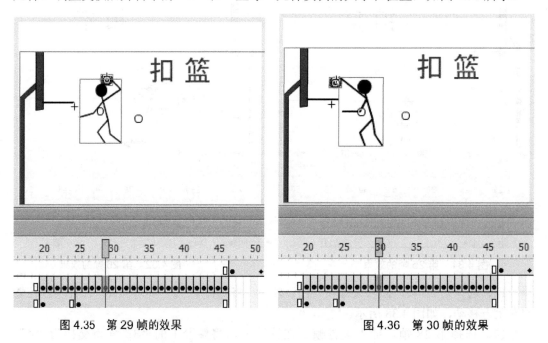

图 4.35　第 29 帧的效果　　　　　　　图 4.36　第 30 帧的效果

20. 选择第 31 帧，插入关键帧。在该帧中，将舞台中的 "5" 实例交换为 "6" 图形元件，调整交换后舞台中的 "6" 和 "篮球" 元件实例的大小和位置，如图 4.37 所示。

21. 选择第 32 帧，插入关键帧。在该帧中，将舞台中的 "6" 实例交换为 "7" 图形元件，调整交换后舞台中的"7"和"篮球"元件实例的大小和位置，如图4.38所示。

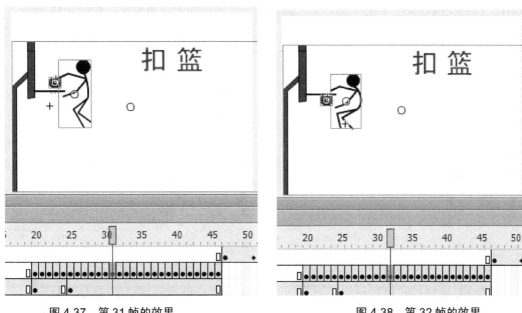

图4.37 第31帧的效果   图4.38 第32帧的效果

22. 选择第33帧，插入关键帧。在该帧中，将舞台中的"7"实例交换为"8"图形元件，调整交换后舞台中的"8"和"篮球"元件实例的大小和位置，如图4.39所示。

23. 选择第34帧，插入关键帧。在该帧中，将舞台中的"8"实例交换为"7"图形元件，调整交换后舞台中的"7"和"篮球"元件实例的大小和位置，如图4.40所示。

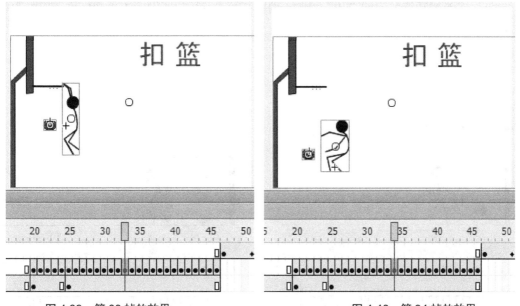

图4.39 第33帧的效果   图4.40 第34帧的效果

24. 选择第35帧，插入关键帧。在该帧中，将舞台中的"7"实例交换为"9"图形元件，调整交换后舞台中的"9"和"篮球"元件实例的大小和位置，如图4.41所示。

25．选择第 36 帧，插入关键帧。在该帧中，将舞台中的"9"实例交换为"10"图形元件，调整交换后舞台中的"10"和"篮球"元件实例的大小和位置，如图 4.42 所示。

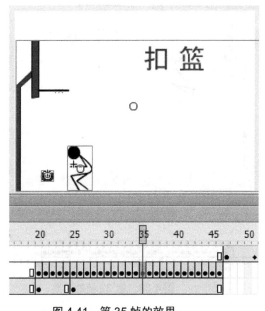

图 4.41　第 35 帧的效果　　　　　　　　　图 4.42　第 36 帧的效果

26．选择第 37 帧，插入关键帧。在该帧中，将舞台中的"10"实例交换为"11"图形元件，调整交换后舞台中的"11"和"篮球"元件实例的大小和位置，如图 4.43 所示。

27．选择第 38 帧，插入关键帧。在该帧中，将舞台中的"11"实例交换为"10"图形元件，水平翻转舞台中的"10"实例，调整其与"篮球"实例的大小和位置，如图 4.44 所示。

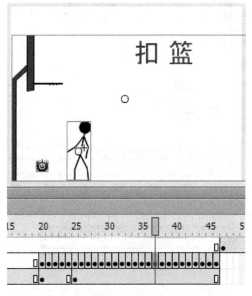 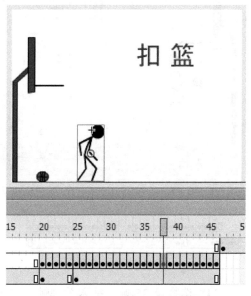

图 4.43　第 37 帧的效果　　　　　　　　　图 4.44　第 38 帧的效果

28．选择第 39 帧，插入关键帧。在该帧中，将舞台中的"10"实例交换为"12"图形元件，调整交换后舞台中的"12"和"篮球"元件实例的大小和位置，如图 4.45 所示。

29．选择第 40 帧，插入关键帧。在该帧中，将舞台中的"12"实例交换为"2"图形元件，水平翻转舞台中的"2"实例，调整其和"篮球"元件实例的大小和位置，如图 4.46 所示。

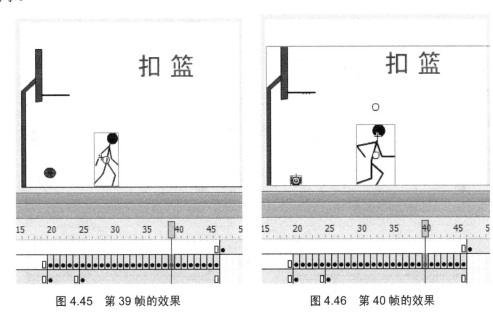

图 4.45　第 39 帧的效果　　　　　　　图 4.46　第 40 帧的效果

30．选择第 41 帧，插入关键帧。在该帧中，将舞台中的"2"实例交换为"13"图形元件，调整交换后舞台中的"13"和"篮球"元件实例的大小和位置，如图 4.47 所示。

31．选择第 42 帧，插入关键帧。在该帧中，将舞台中的"13"实例交换为"12"图形元件，调整交换后舞台中的"12"和"篮球"实例的大小和位置，如图 4.48 所示。

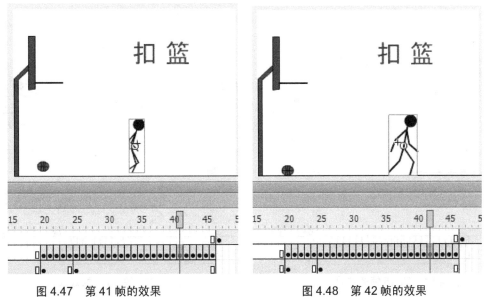

图 4.47　第 41 帧的效果　　　　　　　图 4.48　第 42 帧的效果

32．选择第 43 帧，插入关键帧。在该帧中，将舞台中的"12"实例交换为"14"图形元件，调整交换后舞台中的"14"和"篮球"元件实例的大小和位置，如图 4.49 所示。

33．选择第 44 帧，插入关键帧。在该帧中，将舞台中的"14"实例交换为"15"图形元件，调整交换后舞台中的"15"和"篮球"元件实例的大小和位置，如图 4.50 所示。

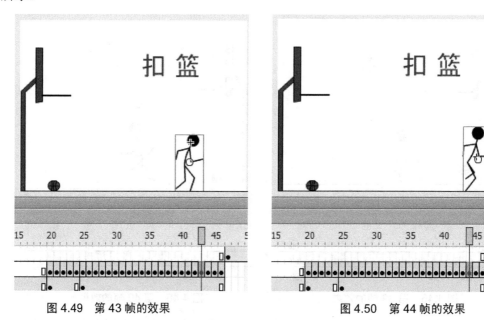

图 4.49　第 43 帧的效果　　　　　　　图 4.50　第 44 帧的效果

34．选择第 45 帧，插入关键帧。在该帧中，将舞台中的"15"实例交换为"16"图形元件，调整交换后舞台中的"16"和"篮球"元件实例的大小和位置，如图 4.51 所示。

35．选择第 46 帧，插入关键帧。在该帧中，将舞台中的"16"实例交换为"17"图形元件，调整交换后舞台中的"17"和"篮球"元件实例的大小和位置，如图 4.52 所示。

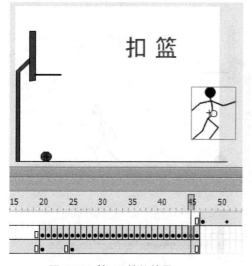
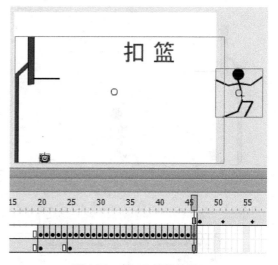

图 4.51　第 45 帧的效果　　　　　　　图 4.52　第 46 帧的效果

36．至此，该任务制作完毕。保存文件，命名为"项目1_扣篮.fla"，测试影片。

三、技术支持

1．时间轴面板的操作

Flash动画是由帧顺序排列而成的，时间轴显示的是动画中各帧的排列顺序。在"时间轴"面板的右上角有一个按钮▦，单击该按钮就可以打开"帧视图"选项列表，如图4.53所示。在弹出的"帧视图"选项列表中，选择相应的菜单项可以改变帧的宽度、颜色和风格。

（1）很小、小、标准、中、大。这些选项用于调整帧的单元格的宽度，在默认的情况下，以"标准"模式显示帧，但是其显示空间有限。若要显示更多帧，则可以选择"小"、"很小"模式，以缩小帧的宽度。特别是在制作Flash MV时，如果动画的大小为上百帧、上千帧，为了方便编辑，通常使用"很小"模式，以显示更多的帧。

（2）预览、关联预览。"预览"是可以在关键帧中显示内容的缩略图；"关联预览"是显示每个完整帧的缩略图。

（3）彩色显示帧。可以改变帧的显示颜色，也可以关闭彩色显示，以灰色显示。

（4）较短。缩小单元格的高度。

2．帧、普通帧、关键帧及属性关键帧的概念与操作

Flash的帧是按从左到右的顺序在时间轴上排列的，其类型分为关键帧、普通帧、空白关键帧、空白帧等。

（1）帧的编辑。

①　帧：是进行Flash动画制作的最基本的单位。每一个精彩的Flash动画都是由很多个精心雕琢的帧构成的，在时间轴上的每一帧都可以包含需要显示的所有内容，包括图形、声音、各种素材和其他多种对象。

②　关键帧：顾名思义，它是有关键内容的帧●，是用来定义动画变化、更改状态的帧，即编辑舞台上存在实例对象并可对其进行编辑的帧。关键帧在时间轴上显示为实心的圆点。可以在关键帧中添加帧动作脚本。

③　普通帧：普通帧是在时间轴上能显示实例对象，但不能对实例对象进行编辑操作的帧 。普通帧在时间轴上显示为灰色填充的小方格。在普通帧中不能添加帧动作脚本。

④　空白关键帧：空白关键帧是没有包含舞台上的实例内容的关键帧○。空白关键帧在时间轴上显示为空心的圆点。可以在空白关键帧中添加帧动作脚本。

⑤　属性关键帧：属性关键帧是Flash CS4之后的版本中新增加的，它是动画制作中补间动画所特有的，用菱形表示◆，它其实不是关键帧，只是对补间动画中对象的属性（缓动、亮度、Alpha值、位置）进行的控制。

（2）帧的操作。帧的编辑操作，首先用鼠标单击选中某个帧，然后右键单击，在弹出的快捷菜单中选择相应的菜单项完成操作，如图4.54所示。

图 4.53 "帧视图"选项列表　　　　图 4.54 "帧"编辑操作的菜单

① 插入帧：可以在所选帧和一个关键帧之间插入普通帧。

② 删除帧：Flash 经常会产生一些多余的帧，选中多余的帧，右键单击，执行"删除帧"命令，可以将其删除。例如，在插入新层时，若当前层为多帧，则系统为新添加的图层自动插入帧以配合动画制作。若不需要这些延长帧，则可以右键单击无用的帧，选择"删除帧"命令，将其删除。

③ 清除帧：若要清除帧（包括关键帧和延长帧）中的内容，可以右键单击该帧，执行"清除帧"命令，将帧中的内容删除，并将其转换为空白关键帧。

④ 转换为关键帧：在制作动画时，经常会将延长帧转换为关键帧。选中帧，再右键单击，选择"转换为关键帧"命令；或者执行菜单项"修改"/"时间轴"/"转换为空白关键帧"；或者直接按 F6 功能键，将延长帧转换为关键帧。

⑤ 转换为空白关键帧：若要将延长帧转换为空白关键帧，选中帧右键单击，选择"转换为空白关键帧"命令，或直接按 F7 功能键，将该帧转换为空白关键帧。

⑥ 翻转帧：若在制作动画时颠倒了两个关键帧中图像的大小、位置等关系，可以选中两个关键帧中所有帧（包括两个关键帧），然后右键单击，在快捷菜单中选择"翻转帧"命令，可以将图像的关系调回。例如，在制作动画时，若要制作从左到右移动的动画效果，查看后发现动画为从右到左移动，此时，选中所有的帧，再右键单击，选择"翻转帧"命令，就可以将位置关系调回。具体操作步骤如下。

步骤一：在第 1 帧中使用椭圆工具在场影中绘制一个椭圆。

步骤二：选择第 10 帧，右键单击，在菜单中选择"插入空白关键帧"命令。

步骤三：使用矩形工具在第 10 帧中绘制一个矩形。

步骤四：选择第 1 帧，在"属性"面板的"补间"下拉菜单中选择"形状补间"。这样就实现了一个从椭圆变化到矩形的效果。

步骤五：现在要将其效果颠倒过来，即变为"从矩形变为椭圆"。用鼠标在时间轴中选中拖动第1~10帧。

步骤六：右键单击，在弹出的快捷菜单中选择"翻转帧"命令，这样就完成从矩形变为椭圆的效果制作了。

⑦ 复制和粘贴关键帧：当需要在不同的层中或帧中制作相同的内容或动画时，可以采用复制帧的方式来实现。

4.1.2 任务2：应用预设动画制作跳动的文字"End"

一、任务说明

预设动画是系统内置的一种补间动画，使用它可以很快地将对象制作出相应的动画效果，可以大大节省工作量。本任务是任务1完成的基础上，使用预设动画制作该项目动画影片的结尾。其效果如图4.55所示。

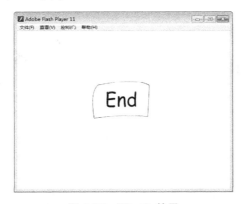

图4.55 "End"效果

二、任务步骤

1. 打开任务1中制作完成的文档"项目1_扣篮.fla"。

2. 新建一个图形元件，将其命名为"End"，进入该元件的编辑窗口，选择文本工具，设置其属性，字体颜色为"黑色"，大小为45，字体为英文手写体，参数如图4.56所示。

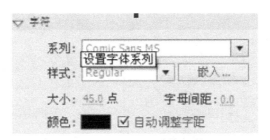

图4.56 "End"字体属性

3．鼠标移到该元件编辑窗口中输入文本"End"。

4．新建一个影片剪辑元件，命名为"摇摆"；进入该元件的编辑窗口，从"库"面板中将"End"元件拖放入第 1 帧。

5．按住 Ctrl 键，连续单击选择第 3、6、9、12、15、18、21、24 帧，按 F6 键，插入关键帧。"时间轴"面板如图 4.57 所示。

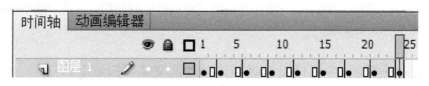

图 4.57 "时间轴"面板

6．选择第 3 帧和第 15 帧，使用任意变形工具，将"End"文字逆时针略旋转过一点角度，效果如图 4.58 所示。

7．选择第 9 帧和第 24 帧，使用任意变形工具，将"End"文字顺时针略旋转过一点角度，效果如图 4.59 所示。

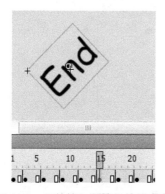

图 4.58 调整第 3 和第 5 帧的文字

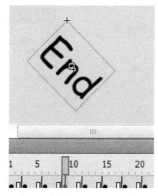

图 4.59 调整第 9 和第 24 帧的文字

8．新建一个影片剪辑元件，命名为"结尾"；进入该元件的编辑窗口，在图层 1 的第 1 帧，使用矩形工具，其"属性"面板中设置笔触颜色为"黑色"，笔触高度为"1"，笔触颜色为"白色"，如图 4.60 所示。

9．鼠标移到该元件编辑窗口中绘制一个矩形，且使用选择工具将其调整为不规则的四边形，效果如图 4.61 所示。

图 4.60 "属性"面板的参数

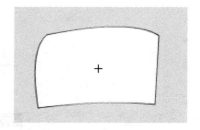

图 4.61 将矩形调整为四边形

10．在图层 1 的上方新建一个图层，默认名称为"图层 2"。

11．在图层 2 的第 1 帧，将"库"面板中的元件"摇摆"拖入，且使该实例位于四边形的上方，如图 4.62 所示。

12．单击"场景 1"按钮，返回到主场景中，在主场景的图层 2 上方新建一个图层 3，选择图层 3 的第 18 帧，按 F7 键，插入一个空关键帧。

13．选择图层 2 的第 18 帧，从"库"面板将影片剪辑元件"摇摆"拖放入舞台中间。

14．单击菜单项"窗口"/"动画预设"，打开"动画预设"面板，如图 4.63 所示。

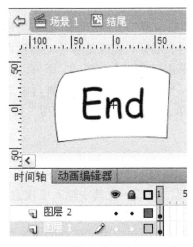

图 4.62　制作完的"结尾"元件　　　　图 4.63　"动画预设"面板

15．双击"默认预设"前面的文件夹图标，将其下的列表展开，，如图 4.64 所示。

16．单击舞台中的"摇摆"实例，再在"默认预设"列表中选择"脉搏"选项，最后单面板右下方的"应用"按钮，如图 4.65 所示。

17．动画预设制作完成，此时的时间轴中自动出现补间动画的帧，如图 4.66 所示。

18．该任务制作完成，保存文档，测试影片。

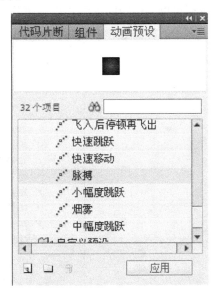

图 4.64　"默认预设"列表　　　　图 4.65　在"默认预设"列表中选择"脉搏"

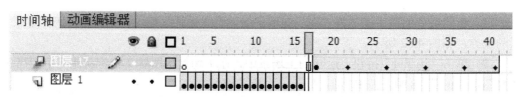

图 4.66　应用预设动画后的"帧"面板

三、技术支持

单击菜单项"窗口"/"动画预设"，打开"动画预设"面板，如图 4.67 所示。双击其中的"默认预设"前面的文件夹图标，可以将其列表展开，列表是各种动画预设名称，每个动画预设均是预制作好的一个小动画；在其中单击任意一个列表项，即可以在该面板的顶部预览窗口中播放该预设的动画效果。应用动画预设的操作是，先在舞台中选择要应用预设动画的对象，再单击列表中的某一项，最后单击面板右下方的"应用"按钮即可。

1．"动画预设"面板

"动画预设"面板的组成如下。

（1）预览窗口：该窗口位于面板的上方，显示当前所选的动画预设的预览效果。

（2）搜索区：该区域是个输入框，可以输入预设的名称；在其中输入要搜索的字符后，单击其前面的"搜索"按钮 🔍 即可。

（3）动画预设区：位于面板的下方，即列表区，该列表列出了所有的已保存的动画预设；其中包括系统自带的预设和用户自定义的预设。

（4）"将选区另存为预设"按钮 🔲：该按钮是面板底部后的第一个按钮，其功能是将选定的某个动画范围保存为自定义预设。

（5）"新建文件夹"按钮 🔲：该按钮是面板底部后的第二个按钮，其功能是创建新的文件夹，使用文件夹可以将各个预设分类保存起来。

（6）"删除项目"按钮 🔳：该按钮是面板底部后第三个按钮，选中自定义的预设之后，单击该按钮可以将选中的动画预设项删除。

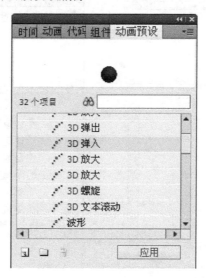

图 4.67　"动画预设"面板

2. 动画预设的适用性

动画预设有其适用性，它只能应用于元件实例或者文本字段等可补间的对象。特别是在"动画预设"面板，若选择包含 3D 动画的动画预设，则要求是应用于影片剪辑元件的实例的。若要应用动画预设的对象只是图形元件的实例，则会弹出警告框，如图 4.68 所示。警告须将对象转换为影片剪辑才能应用成功。

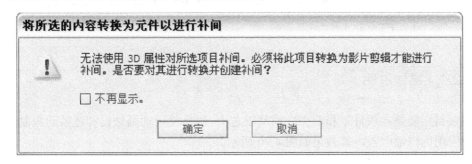

图 4.68 警告框

一个对象只能应用一种预设；而且当一个对象应用预设后，时间轴中创建的补间就不再与"动画预设"面板有任何关系，即此后若是在"动画预设"面板中删除或者重命名某个预设，则对之前已经应用了该预设创建的所有补间无任何影响。

3. 创建自定义动画预设

用户还能在"动画预设"面板中自定义动画预设及进行应用。例如：

（1）创建一个新文档。

（2）新建一个图形元件，命名为"文字"。

（3）在该元件中输入文字"Flash CS6"。

（4）从库中将该元件拖放到场景图层 1 的第 1 帧。

（5）单击选中该帧，鼠标右击，在弹出的快捷菜单中选择"创建补间动画"。

（6）选择第 24 帧，使用任意变形工具，将该帧舞台中的文字实例放大。

（7）鼠标单击第 1 帧，将图层 1 的第 1 帧～第 24 帧全部选中。

（8）单击"动画预设"面板中的"将选区另存为预设"按钮。

（9）弹出"将预设另存为"对话框，如图 4.69 所示。在该对话框输入预设名称为"放大"，再单击"确定"按钮，这样就创建了一个自定义的预设了。

（10）该自定义的动画预设在应用时和其他默认的相同。

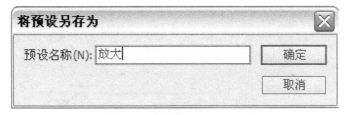

图 4.69 "将预设另存为"对话框

4. 自定义动画预设的预览

自定义动画预设的预览有别于默认动画预设，在创建之后，其在"动画预设"面板中默认情况下是看不到动画效果的，它需要手工添加才能预览。

4.2 项目2 操作进阶——动画综合应用制作"网站广告"

4.2.1 操作说明

本项目主要是在项目1和前文介绍基础之上，综合使用动画预设和逐帧动画制作一个网站中应用的横幅广告，其效果如图4.70所示。

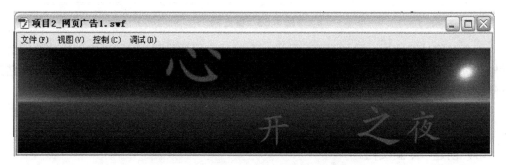

图4.70 "项目2_网站广告"效果图

4.2.2 操作步骤

1. 新建一个文档，尺寸为"700像素×150像素"，背景颜色为"白色"。帧频为12。

2. 单击菜单项"文件"/"导入"/"导入到库"，在打开的"导入到库"对话框中，找到"chap4\素材文件\背景.jpg"，将其导入。

3. 新建一个影片剪辑元件，命名为"心"。进入其编辑窗口，使用文本工具输入文本"心"，将该文字的颜色设置为"红色（#FF0000）"，其他属性参数如图4.71所示。

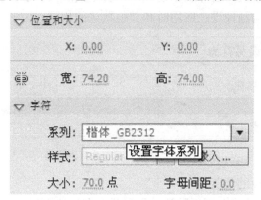

图4.71 "心"文本属性参数

4．新建一个影片剪辑元件，命名为"欢声"。进入其编辑窗口，使用文本工具在其中输入文本"欢声？"，将该文字的颜色设置为"蓝色（#0066CC）"，其他属性参数如图 4.72 所示。

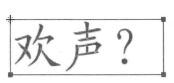

图 4.72　"欢声"文本属性参数

5．新建一个影片剪辑元件，命名为"笑语"。进入其编辑窗口，使用文本工具在其中输入文本"笑语？"，将该文字的颜色设置为"蓝色（#0066CC）"，其他属性参数如图 4.73 所示。

6．新建一个影片剪辑元件，命名为"开"。进入其编辑窗口，使用文本工具输入文本"开"，将该文字的颜色设置为"蓝色（#0066CC）"，其他属性参数如图 4.74 所示。

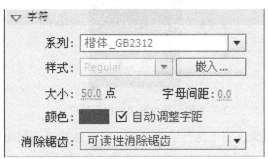

图 4.73　"笑语"文本属性参数

7．新建一个影片剪辑元件，命名为"之"。进入其编辑窗口，使用文本工具输入文本"之"，该文字的属性参数与"开"字相同。

8．新建一个影片剪辑元件，命名为"夜"。进入其编辑窗口，使用文本工具输入文本"夜"，该文字的属性参数与"开"字相同。

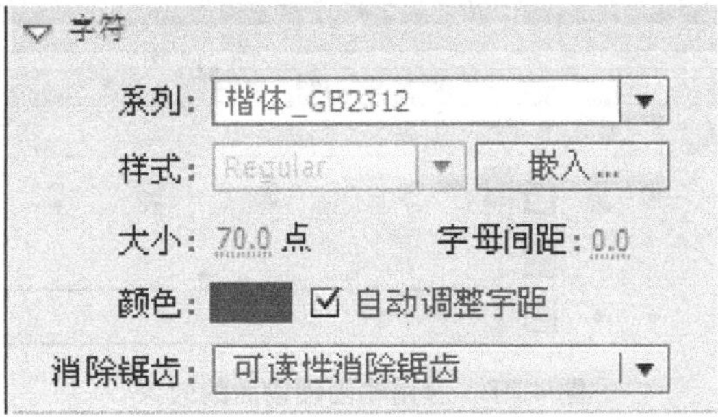

图 4.74　"开"文本属性参数

9．新建一个影片剪辑元件，命名为"心"。进入其编辑窗口，使用文本工具输入文本"心"，设该文字颜色为红色，其他属性参数与"开"字相同。

10．返回主场景，将图层 1 重命名为"背景"。选择该图层的第 1 帧，将"背景.jpg"图片拖入舞台，调整其大小与舞台一样，且刚好铺满舞台作为背景。选择该图层的第 300 帧，按 F5 键插入帧。

11．在背景图层的上方新建一个图层，命名为"夜"。选择该图层的第 1 帧，将元件"夜"拖入。调整其位置，使其位于舞台左边的视图区中，如图 4.75 所示。

图 4.75　"夜"字位于舞台左边的视图区中 　　　　图 4.76　"动画预设"面板

12．选择中舞台中的"夜"字，打开"动画预设"面板，如图 4.76 所示。选择其中"默认预设"列表中的"从左边飞入"，最后单击"应用"按钮。设置后的舞台和时间轴如图 4.77 所示。

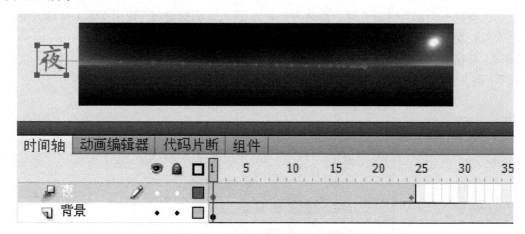

图 4.77　应用动画预设后的效果

13．使用选择工具拖曳调整舞台中出现的路径形状，使该字最后的位置较合适。路径右边调整的效果如图 4.78 所示。

图 4.78 调整路径右边的形状和位置

14. 在时间轴中，鼠标拖曳图层"夜"的最后一帧到第 50 帧，将补间动画的帧数扩展到 50 帧，如图 4.79 所示。

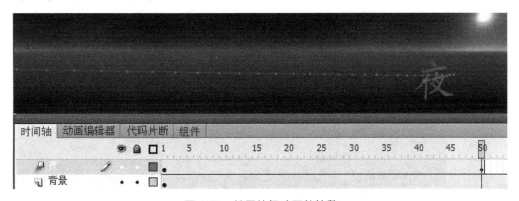

图 4.79 扩展补间动画的帧数

15. 单击"夜"图层的第 1 帧，将其所有补间动画的帧全选中；单击"动画预设"面板中的"将选区另存为预设"按钮，弹出"将预设另存为"对话框，如图 4.80 所示。

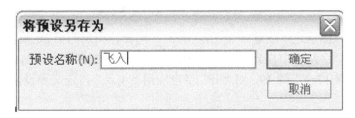

图 4.80 "将预设另存为"对话框

16. 在"夜"图层之上新建图层"之"；选择该图层的第 15 帧，插入空关键帧。

17. 将"之"字从库中拖到该帧，放置在舞台左边的视图区中，与文字"夜"相似。

18. 选择舞台中"之"字，选择"动画预设"面板中"自定义预设"栏中的"飞入"，如图 4.81 所示。

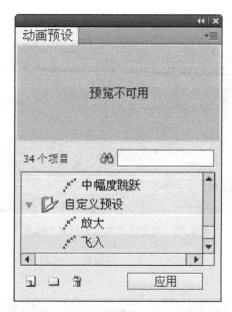

图 4.81 选择"自定义预设""飞入"

19. 在时间轴中，用鼠标拖曳"之"图层的最后一帧到第 65 帧。

20. 重复步骤 13，调整"之"图层的最后一帧文字"之"的位置，使其位于"夜"字左边。其效果如图 4.82 所示。

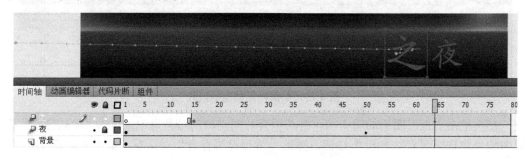

图 4.82 "之"图层的文字效果

21. 在"之"图层之上新建一个图层"开"；选择该图层的第 30 帧，按 F5 键插入空关键帧；将"开"字从库中拖到该帧，放置在舞台左边的视图区中，与文字"夜"相似。

22. 重复步骤 17～步骤 19，对"开"字也应用"飞入"自定义预设。其效果如图 4.83 所示。

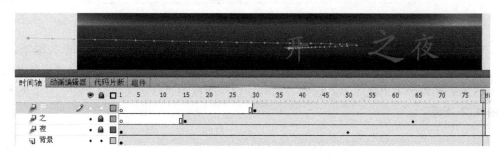

图 4.83 "开"图层的文字效果

23．在"开"图层之上新建一个图层"心"；选择该图层的第45帧，按F5键插入空关键帧；将"心"字从库中拖到该帧，放置在舞台左边的视图区中，与文字"夜"相似。

24．选择舞台中"心"字，选择"动画预设"面板的"默认预设"栏中的"3D弹入"，如图4.84所示。

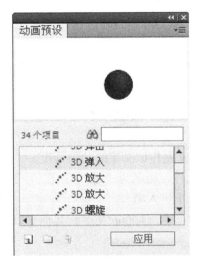

图4.84　"动画预设"面板

25．单击选择舞台中"心"字的路径，使用选择工具和任意变形工具调整其形状和位置，使结束帧的"心"字刚好位于"开"和"之"间，如图4.85所示。

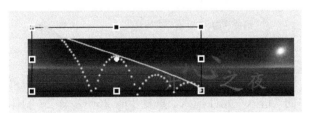

图4.85　调整"心"动画预设的路径

26．在"心"图层之上新建一个图层"欢声"。选择该图层的第120帧，按F6键插入空关键帧。

27．从库中将元件"欢声"拖入放置在舞台左边的视图区中，如图4.86所示。

图4.86　拖入"欢声"元件于"欢声"图层的第120帧

28．选择舞台中"欢声"实例，选择"动画预设"面板的"默认预设"栏中的"从左边模糊飞入"。

29．选择舞台中"欢声"文字路径，使用选择工具将路径右边端点拖到舞台右边，如图 4.87 所示。

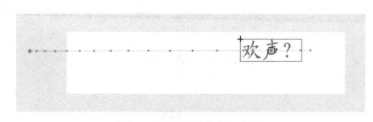

图 4.87　拖动"欢声"路径

30．在"欢声"图层之上新建一个图层"笑语"。选择该图层的第 140 帧，按 F6 键插入空关键帧。将库中的"欢声"元件拖入。

31．重复步骤 27～步骤 29 制作该文字的动画预设。

32．新建一个影片剪辑元件，命名为"进入"；在该元件的编辑窗口中，使用文本工具输入文本"还在等什么？马上进入吧！"。

33．设置该文本颜色为"蓝色（#0066CC）"，其他参数如图 4.88 所示。

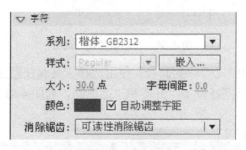

图 4.88　文本属性参数

34．在"笑语"图层之上新建一个图层"进入"。选择该图层的第 160 帧，按 F6 键插入空关键帧。将库中的"进入"元件拖入。重复步骤 26～步骤 27 制作该文字的动画预设。

35．选择舞台中"进入"文字路径，将其右边端点拖到舞台中间，如图 4.89 所示。

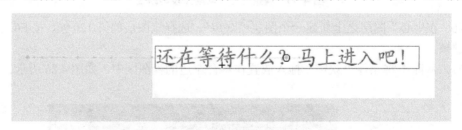

图 4.89　拖动"进入"路径

36．将时间轴中的播头拖动到第 119 帧，按住 Shift 键单击舞台中的"开"、"心"、"之"、"夜"四个实例，如图 4.90 所示。再按 Ctrl+C 组合键复制。

37．新建一个图层"开心之夜"，选中第 120 帧，按 F6 键插入空关键帧；单击菜单项"编辑"/"粘贴到原处"。选择该图层第 120 帧中的"心"字，使用任意变形工具略调小些，如图 4.91 所示。

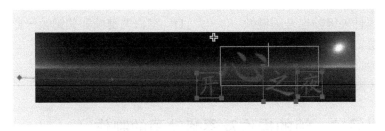

图 4.90　选中"开""心""之""夜"四个实例

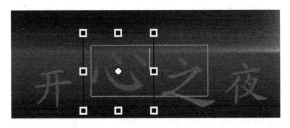

图 4.91　略缩小"心"字大小

38．按住 Ctrl 键单击"进入"、"开心之夜"和"背景"图层的第 220 帧，鼠标右击选择"插入帧"。

39．该项目制作完成，保存文件，命名为"项目 2_网页广告.fla"，测试影片。

习题

1．填空题

（1）关键帧是_____，空白关键帧是_____。

（2）插入关键帧的操作是按功能键_____。

（3）Flash 的"动画预设"面板打开的方法是_____。

（4）动画预设分为两类，是_____和_____。

（5）3D 类的动画预设要求应用于_____。

2．选择题

（1）动画制作的最基本单位是_____。

　　A．帧　　　　　B．元件　　　C．图形　　　D．文字

（2）时间轴的帧显示颜色的操作是_____。

　　A．彩色显示　　　　　　　　　B．灰色显示

　　C．彩色显示或者灰色显示　　　D．以上都不对

（3）自定义的动画预览是_____。

　　A．绝对不能预览　　　B．默认可以预览　　　　C．要手工添加后才能预览

（4）单击"帧"面板右上方的小三角形，在弹出的菜单中选择_____可以在舞台中连续显示多个帧中的图形内容。

　　A．预览　　　B．较短　　　C．标准　　　D．很小

（5）下面说法正确的是_____。

　　A．关键帧可以定义动画变化　　　B．普通帧不能放置对象

　　　　C．属性关键帧也是关键帧　　　　　D．空白关键帧和关键帧一样

3．问答题

（1）关键帧和空白关键帧的区别和联系是什么？

（2）"翻转帧"该如何操作？

实训六　时间轴、帧的操作及逐帧动画的制作

一、实训目的

掌握时间轴、帧的操作；掌握逐帧动画的制作方法。

二、操作内容

1．时间轴、帧的操作，如插入关键帧、插入普通帧、插入空白关键帧、复制帧、移动帧等操作，并总结它们的区别及应用情况。制作一个圆形变化为矩形的动画效果，再使用翻转帧将其改变为从矩形变化为圆形的动画效果。

2．应用逐帧动画制作一个打字效果的动画，如图 4.92 所示。

图 4.92　逐帧动画制作打字效果图

（1）新建一个 Flash 文档，导入一张图片作为背景。

（2）使用文本工具输入文字"快点行动"和"时尚就是魅力"。

（3）使用逐帧动画将"快点行动"文字设置为打字效果。

（4）使用逐帧动画将"时尚就是魅力"设置为逐字闪光的效果。

3．应用逐帧动画制作"钻石闪烁"的效果，如图 4.93 所示。

（1）新建一个 Flash 文档。

（2）绘制"钻石"图形。

（3）使用逐帧动画制作闪烁效果。

图 4.93　逐帧动画制作闪烁的钻石

4. 应用逐帧动画制作一幅卡通动画：小鸟在天空飞翔（也可以自行设计其他动画效果）。

图 4.94 逐帧动画制作卡通动画

第5章

补间动画的制作

我们可以使用 Flash CS6 制作出很多动画效果。不仅可以制作出简单的逐帧动画，还可以制作出较复杂的补间动画。补间动画分为三种类型：补间动画、补间形状动画、传统补间动画。各种动画可独立进行，也可以组合在一起，从而创建出复杂的动画效果。

⯈ 5.1　项目1　制作"项目1_烘焙小站广告"

本项目主要是使用补间形状动画、传统补间动画和补间动画三种类型的动画来制作的一个烘焙小站广告，其效果如图 5.1 所示。本项目分解为以下三个任务来完成。

图 5.1　"项目1_烘焙小站广告"效果

5.1.1　任务1：用补间形状动画制作"展示框打开"

一、任务说明

补间形状动画可以创建类似于形变的效果，即图形从一种形状随着时间的推移变成另一种形状；同时还可以改变图形对象的位置、大小和颜色等。本任务主要介绍应用补间形状动画制作"展示框打开"，其效果如图5.2所示。

图5.2　"展开框打开"的效果

二、任务步骤

1．新建一个 Flash 文档，默认尺寸为"550 像素×400 像素"，背景色为灰色（#666666）。

2．插入一个图形元件，命名为"背景"。进入该元件编辑窗口，绘制一个矩形。将该矩形填充为放射状渐变。"颜色"面板中的左边颜色滑块为白色，右边为浅橙色（#D98710）。矩形的边框为棕色（#996600），笔触粗细为4，如图5.3所示。

3．返回场景，将"图层1"重命名为"背景"，选择该图层的第1帧，从库中将图形元件"背景"拖入主场景中，调整元件实例的大小和位置，使其刚好和舞台一样大小，且作为舞台背景图形。选择该图层的第235帧，按F5功能键，插入普通帧。

4．在"背景"图层的上方新建一个图层，命名为"白框"。选择该图层的第1帧，使用矩形工具直接在舞台中绘制一个笔触颜色为"取消"、填充颜色为"白色"的大矩形；将该矩形放置于舞台的靠下位置，如图5.4所示。

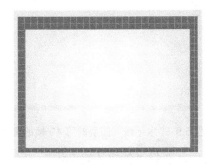

图5.3　绘制图形元件"背景"　　　　图5.4　在"白框"图层绘制一个白色矩形

5．选择"白框"图层的第3帧，鼠标右击，选择"插入帧"。

6．在"白框"图层上方新建一个图层，命名为"放大框"。在该图层的第5帧，插入关键帧，使用矩形工具在舞台中绘制一个笔触颜色为"取消"、填充颜色为"黄色（#FFFF00）"的小矩形，如图5.5所示。

7．选择"放大框"图层的第20帧，插入关键帧，使用任意变形工具将该矩形放大，且将颜色设置为"白色"，如图5.6所示。

 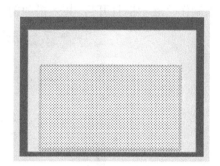

图5.5　"放大框"图层的第5帧矩形　　　图5.6　"放大框"图层的第20帧矩形

8．选择"放大框"图层的第5帧，鼠标右击，选择"创建补间形状"，如图5.7所示。

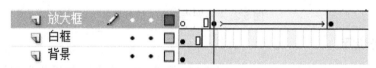

图5.7　创建补间形状

9．在"放大框"图层的上方新建一个图层，命名为"水平线"，在该图层的第25帧，插入关键帧，使用直线工具在舞台中绘制一条灰色（#CCCCCC）短水平直线，笔触高度为1.0的实线，如图5.8所示。

10．选择"水平线"图层的第40帧，插入关键帧，使用"任意变形工具"将短直线拉长，两端点抵至白色矩形框的边缘。如图5.9所示。

图5.8　在"水平线"图层的第25帧绘制水平线　　　图5.9　"水平线"图层的第40帧的直线

11．选择"水平线"图层的第25帧，鼠标右击，选择"创建补间形状"。

12．在"水平线"图层的上方新建一个图层，命名为"竖直线"，在该图层的第30

帧，插入关键帧，使用直线工具在舞台中绘制一条灰色（#CCCCCC）短竖直直线，笔触高度为 1.0 的实线，如图 5.10 所示。

13．选择"竖直"图层的第 45 帧，插入关键帧，使用任意变形工具将短直线拉长，两端点抵至白色矩形框的边缘，如图 5.11 所示。

 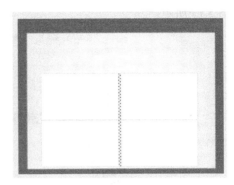

图 5.10　在"竖直线"图层的第 30 帧绘制竖直直线　　图 5.11　"竖直线"图层的第 45 帧的直线

14．选择"竖直线"图层的第 45 帧，鼠标右击，选择"创建补间形状"。

15．该任务完成，保存文件，命名为"项目 1_烘焙小站广告.fla"。测试影片。

三、技术支持

1．补间形状动画的条件

补间形状动画是将图形对象变形的动画，它要求的对象是分离了的图形对象，如分离了的组、实例、位图图像和文本等。它同样需要在同一个图层中设置两个有矢量形状的关键帧。例如，如果要制作字母"A"形状变化到字母"B"，则必须在分别输入这两个文本之后，按 Ctrl+B 组合键将文本分离后才可以正常完成补间动画。设置了补间形状后的起始帧到结束帧之间的过渡帧颜色在彩色显示时为"绿色"。

2．补间形状制作时形状提示的应用

要控制复杂的形状变化，常常用到形状提示。形状提示会标识起始形状和结束形状中相对应的点，这样在形状发生变化时，就不会乱成一团，照样能够分辨出。

形状提示用字母 a～z 识别起始形状和结束形状中相对应的点，因此最多可以使用 26 个形状提示。起始关键帧上的形状提示是黄色的，结束关键帧的形状提示是绿色的，不在一条曲线上的为红色。下面制作一个应用形状提示制作的补间形状动画，具体操作步骤如下所述。

（1）新建一个 Flash 文档。

（2）在第 1 帧中，选择文本工具在舞台中输入数字"1"。按 Ctrl+B 组合键将该文字分离。

（3）选择第 20 帧，鼠标右击，选择"插入空白关键帧"命令，选择文本工具在该帧中输入数字"2"。按 Ctrl+B 组合键将该数字分离。

（4）选择第 1 帧，鼠标右击，选择"创建补间形状"。这样就制作了从数字"1"形状变化到数字"2"的形状补间动画。

（5）下面要应用"形状提示"来制作从数字"1"变化到数字"2"，注意观察其变化情况。此时的变化过程是机器自动生成的，是扭曲翻转进行变化的。若要能控制其变化过程为拉伸变化而成，则须适当添加形状提示加以控制。

（6）选择第1帧，选择菜单项"修改"/"形状"/"添加形状提示"六次，如图5.12所示。在数字"1"中添加六个形状提示标志，并用鼠标拖动调整这六个标志到相应位置，如图5.13所示。

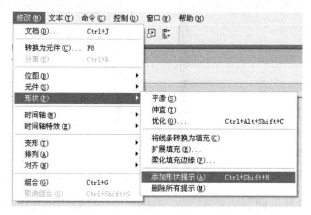

图 5.12　"添加形状提示"菜单项

（7）选择第20帧，调整该帧数字"2"图形上的六个形状提示标志也到相应的位置，如图5.14所示。

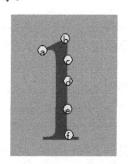 

图 5.13　第1帧中的形状提示标志　　　　图 5.14　第20帧中的形状提示标志

（8）这样添加形状提示的操作就制作完毕了。

（9）重新测试文档，观察此时和添加形状提示标志前的区别。

5.1.2　任务2：用传统补间动画制作"展示广告图片"

一、任务说明

传统补间动画是补间动画中的第二种类型，使用它可以对同一个图层中两个关键帧之间的对象进行补间。完成该补间的对象须是元件实例、文本、位图和群组。本任务是在任务1完成的基础上，使用传统补间动画制作"展示广告图片"的动画效果。如图5.15所示。

图 5.15　用传统补间动画制作"展示广告图片"的动画效果

二、任务步骤

1．打开任务 1 中制作完成的文档"项目 1_烘焙小站广告.fla"。

2．新建一个图形元件，命名为"矩形"，在该元件编辑窗口中使用矩形工具，绘制一个灰色（#CCCCCC）矩形，如图 5.16 所示。

3．返回到场景中，在"竖直线"图层的上方新建一个图层，命名为"左上框"，在该图层的第 55 帧，将"矩形"图形元件拖入，调整其位置和大小，使其位于白色矩形框的左上方，如图 5.17 所示。

图 5.16　灰色矩形

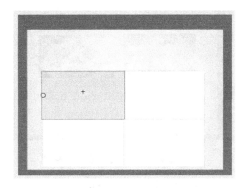

图 5.17　在第 55 帧拖入"矩形"图形元件

4．选择该图层的第 64 帧，将舞台中的"矩形"图形元件实例的 Alpha 值调整为 0，如图 5.18 所示。

5．返回到该图层的第 55 帧，鼠标右击，选择"创建传统补间"。选择该图层的第 155 帧，鼠标右击，选择"插入帧"。

6．选择菜单项"文件"/"导入"/"导入到库"，将"chap5\素材文件"中图片文件"烘焙 1.jpg"、"烘焙 2.jpg"、"烘焙 3.jpg"和"烘焙 4.jpg"导入到"库"面板中。

7．在 "左上框"图层的下方新建一个图层，命名为"左上图"。选择该图层的第 65 帧，将"库"面板中的图片"烘焙 1.jpg"拖入舞台中展示区的左上方，并调整其位置和大小，如图 5.19 所示。

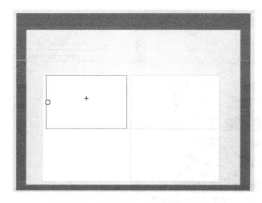

图 5.18　将 Alpha 值调整为 0

图 5.19　在第 65 帧拖入图片

8．选择该图层的第 155 帧，鼠标右击，选择"插入帧"。

9．在"左上框"图层的上方新建一个图层，命名为"右上图"，选择该图层的第 81 帧，将"库"面板中的图片"烘焙 2.jpg"拖入舞台中展示区的右上方，并调整其位置和大小，如图 5.20 所示。

10．在"右上图"图层的上方新建一个图层，命名为"右上框"。在该图层的第 70 帧，将"矩形"图形元件拖入，并调整其位置和大小，如图 5.21 所示。

图 5.20　在第 81 帧拖入图片

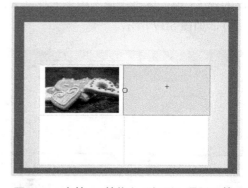

图 5.21　在第 70 帧拖入"矩形"图形元件

11．选择该图层的第 80 帧，将舞台中的"矩形"图形元件实例的 Alpha 值调整为 0，如图 5.22 所示。

12．返回到该图层的第 70 帧，鼠标右击，选择"创建传统补间"。选择该图层的第 155 帧，鼠标右击，选择"插入帧"。

13．在"右上框"图层的上方新建一个图层，命名为"左下图"，选择该图层的第 96 帧，将"库"面板中的图片"烘焙 3.jpg"拖入舞台中展示区的左下方，并调整其位置和大小，如图 5.23 所示。

14．在"左下图"图层的上方新建一个图层，命名为"左下框"。在该图层的第 85 帧，将"矩形"图形元件拖入，并调整其位置和大小如图 5.24 所示。

15．选择该图层的第 95 帧，将舞台中的"矩形"图形元件实例的 Alpha 值调整为 0，如图 5.25 所示。

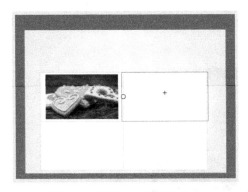

图 5.22 将 Alpha 值调整为 0

图 5.23 在图层"左下图"的第 96 帧拖入图片

图 5.24 在第 85 帧拖入"矩形"图形元件

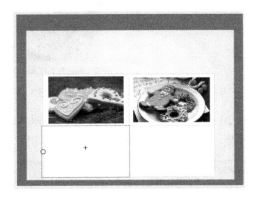

图 5.25 将 Alpha 值调整为 0

16. 返回到该图层的第 85 帧，鼠标右击，选择"创建传统补间"。选择该图层的第 155 帧，鼠标右击，选择"插入帧"。

17. 在"左下框"图层的上方新建一个图层，命名为"右下图"，选择该图层的第 111 帧，将"库"面板中的图片"烘焙 4.jpg"拖入舞台中展示区的左下方，并调整其位置和大小，如图 5.26 所示。

18. 在"右下图"图层的上方新建一个图层，命名为"右下框"。在该图层的第 100 帧，将"矩形"图形元件拖入，并调整其位置和大小如图 5.27 所示。

图 5.26 在第 111 帧拖入图片

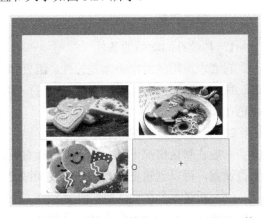

图 5.27 在第 100 帧拖入"矩形"图形元件

19. 选择该图层的第110帧，将舞台中的"矩形"图形元件实例的 Alpha 值调整为 0，如图 5.28 所示。

图 5.28　将 Alpha 值调整为 0

20. 返回到该图层的第 100 帧，鼠标右击，选择"创建传统补间"。选择该图层的第 155 帧，鼠标右击，选择"插入帧"。制作完成后的时间轴如图 5.29 所示。

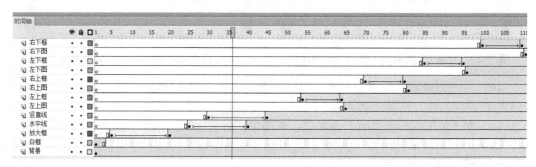

图 5.29　任务 2 完成后的时间轴

21. 该任务制作完成，保存文件，测试影片。

三、技术支持

1. 传统补间动画的条件

它要求应用的对象必须是元件、组合和位图。应用传统补间动画，可以制作位移、旋转、缩放和颜色变化等动画效果。设置了传统补间动画后的起始帧到结束帧之间的过渡帧颜色在彩色显示时为"蓝色"。

2. 更改加速度和减速度

一般在默认情况下，传统补间动画的关键帧之间是以固定的速度播放的，但是利用扩大值设置，可以创建更逼真的加速度和减速度效果的动画。具体操作步骤如下所述。

（1）新建一个文件。插入一个名为"小球"的图形元件，并在该图形元件的编辑窗口中使用椭圆工具绘制一个小球，笔触颜色为"取消"，填充色为径向渐变模式，如图 5.30 所示。

（2）返回到主场景窗口中，从"库"面板中将"小球"图形元件拖入，并调整小球使其位于舞台的正中上方位置。

（3）选择第 10 帧，插入关键帧。在该帧中，将小球的位置沿竖直方向移动到舞台的正中下方。

图 5.30　小球

（4）选择第 1 帧，鼠标右击，在快捷菜单中选择"复制帧"，然后把鼠标移动到第 20 帧，鼠标右击，选择"粘贴帧"。

（5）分别选择第 1 帧和第 10 帧，鼠标右击，在弹出的快捷菜单中均选择"创建传统补间"，这样就制作了小球上、下移动的效果。但是小球在上、下移动时的速度是均匀的，为了制作出其重力影响的效果，可以进一步在"属性"面板的"缓动"中设置参数。

（6）选择第 1 帧，在"属性"面板中设置"缓动"参数为"-100"，如图 5.31 所示。

图 5.31　在第 1 帧设置"缓动"参数为"-100"

（7）选择第 10 帧，在"属性"面板中设置"缓动"参数为"+100"。

（8）这样小球就会有受地球重力影响而跳动的感觉了。

注意：在这里"缓动"的值若为"正值"，则以较快的速度开始补间，越接近动画的末尾，补间的速度越慢。若为"负值"，则以较慢的速度开始补间，越接近动画的末尾，补间的速度越高。

3．更改动画的速度

当测试动画时，可能会发现动画的运行速度有快有慢。可以通过更改帧频来更改速度（每秒帧数），但在文档属性中的帧频设置会应用于整个 Flash 文档，而不仅仅是该文档中的动画。

帧频用帧数每秒（fps）来度量，是指动画的播放速度。在默认情况下，Flash 动画以 12fps 的速率播放，该速率最适于播放 Web 动画。但是，有时可能需要更改 fps 速率，其更改的方式如下所述。

（1）单击菜单项"修改"/"文档"。

（2）在"文档设置"面板的"帧频"框中输入"30"，如图 5.32 所示。

（3）如果在"帧频"框中输入"8"，则动画的速度就会播放得慢一些。

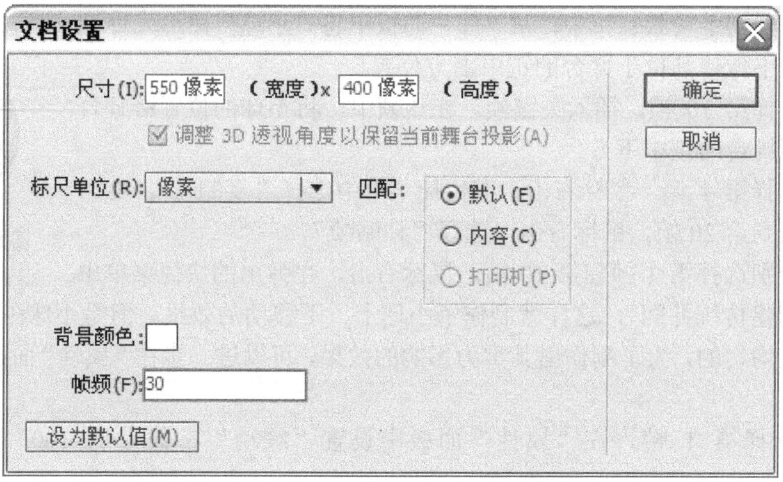

图 5.32 "文档设置"面板中设置帧频参数

5.1.3 任务 3：用补间动画制作"文字动画"效果

一、任务说明

补间动画是 Flash CS4 之后的版本中新增加的功能之一。它是补间动画制作技术上的一个飞跃。是为了创建随着时间移动和变化的动画，且同时可以最大限度地减小文件大小和使动画制作变得更加简单、便利。可补间的对象包括三种类型的元件和文本。在补间动画中会出现属性关键帧，属性关键帧是在补间范围中为补间目标对象显式定义一个或多个属性值的帧，它有别于关键帧。本任务是在任务 2 完成的基础上，使用补间动画制作"文字动画"效果，如图 5.33 所示。

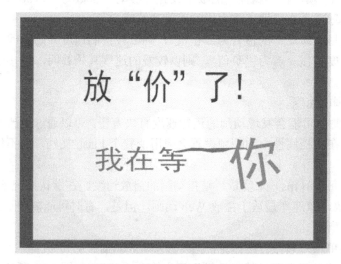

图 5.33 制作"文字动画"效果

二、任务步骤

1. 打开任务 2 中制作完成的文档"项目 1_烘焙小站广告.fla"。

2．在图层"右下框"的上方新建一个图层，命名为"复合框1"。选择该图层的第140帧，鼠标右击，插入关键帧。

3．选择"库"面板中的图形元件"矩形"，将其拖入该图层的第140帧，调整其大小和位置，如图5.34所示。

4．继续选择该帧，鼠标右击，选择"创建补间动画"；将补间动画的结束帧调整至第148帧。

5．拖曳播放头到第148帧。使用任意变形工具缩小该帧舞台中"矩形"元件实例，如图5.35所示。

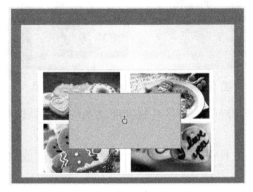

图5.34　图层"复合框1"的第140帧　　　　图5.35　图层"复合框1"的第148帧

6．在图层"复合框1"的上方新建一个图层，命名为"复合框2"。选择该图层的第144帧，鼠标右击，插入关键帧。将"库"面板中的图形元件"矩形"拖入该帧，在其"属性"面板中设置其"亮度"为50%，并调整其大小和位置，其如图5.36所示。

图5.36　在图层"复合框2"的第144帧调整"矩形"实例

7．继续选择该帧，鼠标右击，选择"创建补间动画"；将补间动画的结束帧调整至第151帧。

8．拖曳播放头到第151帧。使用任意变形工具将舞台中该帧"矩形"元件实例放大，如图5.37所示。

9. 在图层"复合框 2"的上方新建一个图层，命名为"复合框 3"。选择该图层的第 148 帧，鼠标右击，插入关键帧。将"库"面板中的图形元件"矩形"拖入该帧，在其"属性"面板中设置其"亮度"为 100%，并调整其大小和位置，如图 5.38 所示。

图 5.37　图层"复合框 2"的第 151 帧　　　图 5.38　图层"复合框 3"的第 148 帧

10. 继续选择该帧，鼠标右击，选择"创建补间动画"；并将补间动画的结束帧调整至第 155 帧。

11. 拖曳播放头到第 155 帧。使用任意变形工具将舞台中该帧"矩形"元件实例放大，将图片展示区盖住，如图 5.39 所示。

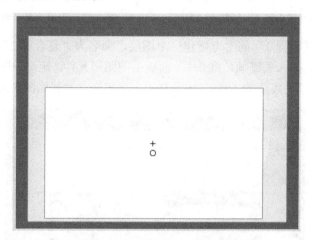

图 5.39　图层"复合框 3"的第 155 帧

12. 新建一个影片剪辑元件，命名为"放价了"。进入该元件的编辑窗口，选择图层 1 的第 1 帧，输入文字"放'价'了"，设置文本颜色为红色（#FF0000）。

13. 分别选择该图层的第 5、10、15 帧，插入关键帧。将第 5、15 帧的文本颜色改为白色（# FFFFFF），如图 5.40 所示。

14. 返回到主场景中，在"复合框 3"图层的上方新建一个图层，命名为"放价了"。

15. 选择该图层的第 156 帧，插入关键帧，从"库"面板中将影片剪辑元件"放价了"拖入该帧。

16. 调整舞台中的"放价了"实例，将其缩得很小，并且放置在舞台的右上方，如图 5.41 所示。

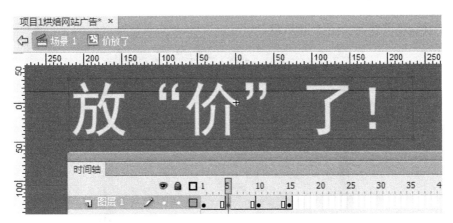

图 5.40 "放价了"影片剪辑元件

图 5.41 调整图层"放价了"的第 156 帧中的实例

17．选择图层"放价了"的第 156 帧，鼠标右击，选择"创建补间动画"；将结束帧拖曳到第 250 帧。

18．将播放头拖曳到第 160 帧，调整该图层中的"放价了"实例的位置和大小，且使用选择工具调整路径，如图 5.42 所示。

19．将播放头拖曳到第 164 帧，调整该图层中的"放价了"实例的位置和大小，且使用选择工具调整路径，如图 5.43 所示。

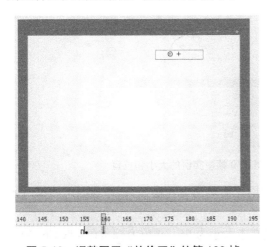

图 5.42 调整图层"放价了"的第 160 帧

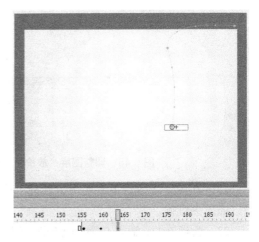

图 5.43 调整图层"放价了"的第 164 帧

20．将播放头拖曳到第 169 帧，调整该图层中的"放价了"实例的位置和大小，且使用选择工具调整路径，如图 5.44 所示。

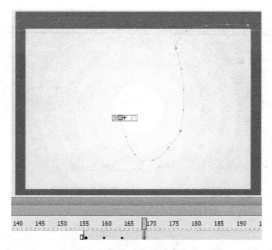

图 5.44　调整图层"放价了"的第 169 帧中实例的大小和位置

21．将播放头拖曳到第 179 帧，调整该图层中的"放价了"实例的位置和大小，且使用选择工具调整路径，如图 5.45 所示。

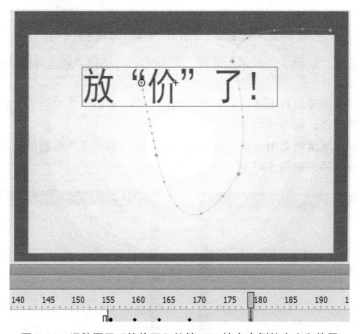

图 5.45　调整图层"放价了"的第 179 帧中实例的大小和位置

22．在图层"放价了"的上方新建一个图层，命名为"我在"。选择该图层的第 191 帧，插入关键帧。

23．选择该帧，输入文字"我在"。并设置文本大小为 96，颜色为棕黄色（#CC6600）。选择该图层的第 250 帧，插入帧。

24．在图层"我在"的上方新建一个图层，命名为"等"。选择该图层的第 191 帧，插入关键帧。

25．选择该帧，输入文字"等"。并设置文本大小为96，颜色为棕黄色（#CC6600）。

26．选择舞台中的"等"字，按 Ctrl+B 组合键，将文字分离。

27．选择该图层的第 204 帧，插入关键帧，且修改"等"字形状，如图 5.46 所示。

图 5.46 调整图层"等"的第 204 帧的文字形状

28．将该图层的第 191 帧复制到第 217 帧。

29．分别选择该图层的第 191 帧和第 217 帧，创建形状补间。选择第 250 帧，插入帧。其时间轴如图 5.47 所示。

图 5.47 在图层"等"的第 191、204 帧创建形状补间

30．在图层"等"的上方新建一个图层，命名为"你"。选择该图层的第 204 帧，输入文字"你"，设置其颜色为红色，且调整其位于舞台之外的视图区，如图 5.48 所示。

图 5.48 图层"你"的第 204 帧中文字大小和位置

31．在图层"你"的第 215 帧插入关键帧，调整舞台中"你"字的位置和状态，如图 5.49 所示。

32．在图层"等"的第 217 帧插入关键帧，调整舞台中"你"字的状态，如图 5.50 所示。

33．分别在图层"你"的第 219、221 和 223 帧插入关键帧；分别在第 219 帧向左，在第 221 帧向右旋转舞台中的"你"字。将第 223 帧中的"你"字调整成竖直。

34．返回到该图层的第 204 帧，鼠标右击，选择"创建传统补间"。选择第 250 帧，插入帧。

图 5.49 图层"你"的第 215 帧

图 5.50 图层"你"的第 217 帧

35．该任务制作完成，保存文件，测试影片。

三、技术支持

1．补间动画的制作是先选定一个关键帧，然后鼠标右击，选择"补间动画"。制作补间动画的帧的背景为"蓝色"，默认的补间长度与在"文档设置"面板中设置的帧频有关系。如果帧频设置为 24，则默认补间长度为 24 帧；如果帧频设置为 12，则默认补间长度为 12 帧；此时，如果该默认的补间长度不合适，可以用鼠标拖动补间中的最后一帧对补间范围进行拉伸和调整大小。

2．选择某个图层创建补间动画之后，该图层图层标识更改为 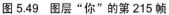，如图 5.51 所示。

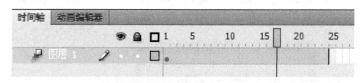

图 5.51 创建补间动画的图层标志

3．在制作补间动画时，如果所选的对象不是可补间的对象类型，或者在同一图层上选择了多个对象，则会弹出"将所选的多项内容转换为元件以进行补间"对话框，如图 5.52 所示。在该对话框中，单击"确定"按钮，即可将所选内容转换为影片剪辑元件，然后制作补间动画。

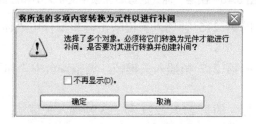

图 5.52 "将所选的多项内容转换为元件以进行补间"对话框

4．补间动画的补间效果是靠修改属性关键帧的属性来完成的。属性关键帧是自动生成的，只要有属性变化即自动生成，无须手动创建。属性关键帧的形状呈菱形。

5．补间动画的轨迹调整。

创建补间动画以后，如果有移动对象，则出现补间动画的轨迹，如图 5.53 所示。此时，可以在舞台中用鼠标任意拖动对象，就改变了动画的轨迹；也可以用"工具"面板中的选择工具在轨迹上拖动来改变轨迹的形状，如图 5.54 所示。这些方法均可以改变动画的效果。

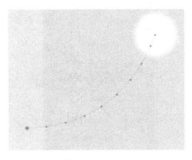

图 5.53　补间动画的轨迹　　　　　　图 5.54　用选择工具拖动补间动画的轨迹

6．补间动画和传统补间动画的区别：

（1）传统补间动画的补间须介于两个关键帧之间，而补间动画只需一个关键帧即可。

（2）传统补间动画中的缓动是应用于关键帧之间的帧组，而补间动画的缓动则是应用于补间动画范围的整个长度的。但是，如果仅对于补间动画的特定帧应用缓动，就需要创建自定义缓动曲线了。

（3）对于传统补间动画的补间范围内某个帧的选择，直接用鼠标单击即可选中。对于补间动画的补间范围内单帧的选择，则必须按住 Ctrl 或 Command 键单击帧才可以选定。

（4）传统补间动画可以在两种不同色调和 Alpha 之间创建动画；而补间动画可以对每个补间应用一种色彩效果。

（5）3D 动画只能使用补间动画，而无法使用传统补间动画来制作。

（6）要保存自定义的动画预设，必须使用补间动画而不能使用传统补间动画。

（7）在补间动画范围上不允许使用帧脚本，传统补间动画允许使用帧脚本。

5.2　项目 2　操作进阶——动画综合应用制作"荷塘戏鱼续"

5.2.1　项目说明

本项目主要是在项目 1 和前文介绍基础之上，综合使用补间动画技巧继续第 3 章项目 2 "荷塘戏鱼"的制作，其效果如图 5.55 所示。

图 5.55 "项目 2_荷塘戏鱼续"效果图

5.2.2 操作步骤

1. 打开第 3 章中的案例"项目 2 荷塘戏鱼.fla"，且另存为"项目 2 荷塘戏鱼续.fla"。

2. 选择图层"文字"中的"荷塘戏鱼"；鼠标右击，选择"转换为元件"。在弹出的对话框中输入"荷塘戏鱼"名称，选择类型为影片剪辑。

3. 进入"荷塘戏鱼"影片剪辑元件编辑窗口。按 Ctrl+B 组合键，将文字分离。

4. 选择其中的"鱼"字，鼠标右击，选择"转换为元件"。在弹出的对话框中输入"鱼"名称，选择类型为图形元件。

5. 选择"戏"字的中"点"笔画、其中的"又"部首的"捺"笔画和其中"戈"部首下方的"钩"笔画，分别鼠标右击，选择"转换为元件"。将三者分别转换为"点"和"捺"和"钩"三个图形元件。其余笔画的效果如图 5.56 所示。

6. 在"荷塘戏鱼"影片剪辑元件编辑窗口中，选择"点"实例图形，将其剪切。

7. 在图层 1 之上新建一个图层，将其命名为"点"，单击"粘贴"，将"点"实例图形移动到图层"点"的第 1 帧。并将笔画调整到正常位置。

8. 用同样的方法，分别移动"捺"和"钩"实例图形到新建的图层"捺"和"钩"的第 1 帧，将笔画调整到正常位置。移动"鱼"字到新建的图层"鱼"的第 1 帧，如图 5.57 所示。

9. 按住 Shift 键，选择所有图层的第 135 帧，插入帧。

10. 制作"捺"字的笔画动画。选择"捺"图层的第 1 帧，使用任意变形工具，将支点调整到该笔画上方端点，并向左旋转该笔画图形，如图 5.58 所示。

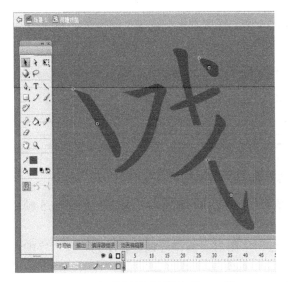

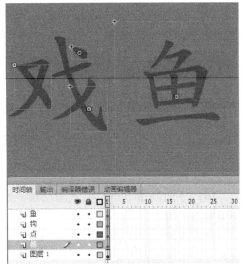

图 5.56 将一些笔画转换为图形元件 　　　图 5.57 将三个图形元件实例移动到三个图层中

11. 选择"捺"图层的第 30 帧,插入关键帧。在该帧,使用任意变形工具,将支点调整到该笔画上方端点,向右上旋转笔画至水平位置,如图 5.59 所示。

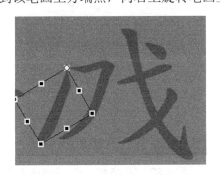

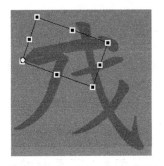

图 5.58 在第 1 帧向左旋转"捺"笔画 　　　图 5.59 在第 30 帧向右旋转"捺"笔画

12. 选择"捺"图层的第 60 帧,将"捺"笔画旋转恢复到正常笔画位置,如图 5.60 所示。

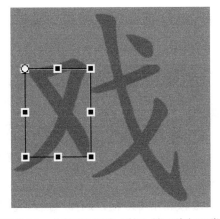

图 5.60 在第 60 帧将"捺"笔画恢复正常

13．分别选择"捺"图层的第1帧和第30帧，鼠标右击，选择"创建传统补间"，其时间轴如图5.61所示。

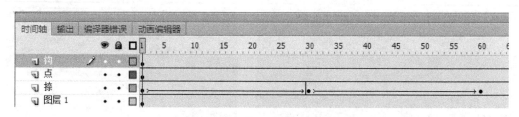

图 5.61　"捺"图层的时间轴

14．下面制作"点"字笔画动画。选择"点"图层的第30帧、第60帧和第75帧，分别插入关键帧。

15．选择"点"图层的第60帧，将"点"字图形实例位置调整移动到"鱼"字的左上方，其位置如图5.62所示。

16．选择"点"图层的第75帧，将"点"字图形实例位置调整移动到"戏"字"钩"笔画右边，其位置如图5.63所示。

图 5.62　第60帧"点"笔画的位置

图 5.63　第75帧"点"笔画的位置

17．分别选择第30帧和第60帧，鼠标右击，选择"创建传统补间"。

18．单击第30帧，选择"属性"面板中的"补间"，设置"缓动"为-100，旋转为"顺时针"，如图5.64所示。

19．单击第60帧，选择"属性"面板中的"补间"，设置"缓动"为-100，旋转为"逆时针"，如图5.65所示。

图 5.64　第30帧的"补间"参数　　　　　图 5.65　第75帧的"补间"参数

20．下面制作"鱼"字被"点"砸到后，左右摇晃的效果。选择图层"鱼"的第60帧、第70帧、第80帧、第90帧和第100帧，选择"插入关键帧"。

21．分别选择第60帧和第80帧中"鱼"字，选择任意变形工具，将其支点移到下方的中间，如图 5.66 所示。

22．将这两帧的"鱼"字分别向右略旋转，如图 5.67 所示。

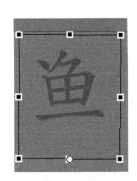 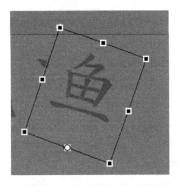

图 5.66　调整支点到下方的中间　　　　图 5.67　将第 60、80 帧的"鱼"字向右旋转

23．分别选择第 70 帧和第 90 帧中"鱼"字，用步骤 21 和步骤 22 的方法，向左旋转"鱼"字。

24．分别选择第 60 帧、第 70 帧、第 80 帧和第 90 帧，鼠标右击，选择"创建传统补间"。时间轴如图 5.68 所示。

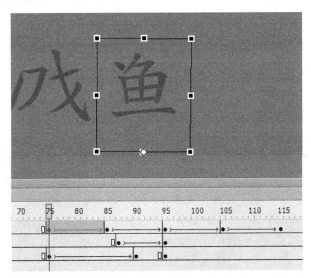

图 5.68　创建传统补间

25．下面制作"钩"笔画动画，选择图层"钩"的第 72 帧和第 80 帧，插入关键帧。

26．选择图层"钩"第 72 帧中的"钩"图形实例，选择任意变形工具，将支点调整到如图 5.69 所示的位置。

27．再使用任意变形工具将其略向左旋转，如图 5.70 所示。

28．选择图层"钩"的第 72 帧，鼠标右击，选择"创建传统补间"。

29．选择图层"点"的第 80 帧，鼠标右击，选择"创建补间动画"，此时在图层"点"上方重新自动创建一个新图层，且在该新图层的第 80 帧自动生成关键帧和补间动画，其时间轴如图 5.71 所示。

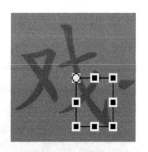

图 5.69　调整支点

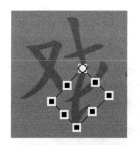

图 5.70　向左旋转

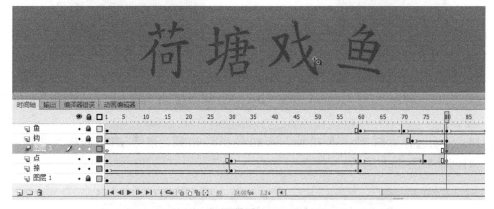

图 5.71　第 80 帧自动在"点"图层的上方新建图层且创建补间动画

30．选择该新图层的第 95 帧，将窗口中的"点"图形实例拖动到"戏"字的右上方，如图 5.72 所示。

31．使用选择工具将移动的路径调整成曲线，如图 5.73 所示。

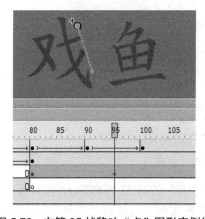

图 5.72　在第 95 帧移动"点"图形实例位置

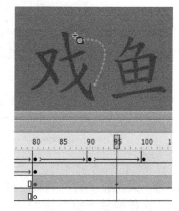

图 5.73　将路径调整成曲线

32．在第 3 章"项目 2 荷塘戏鱼"中的制作的水草是不动的，现在要应用补间形状动画制作会摇曳的水草。

33．新建"摇曳的水草"影片剪辑元件。进入该元件的编辑窗口。选择第 1 帧，使用绘图工具绘制水草图形。也可以打开第 3 章"项目 2 荷塘戏鱼.fla"文件，将其中绘制的水草图形复制粘贴到该帧，如图 5.74 所示。

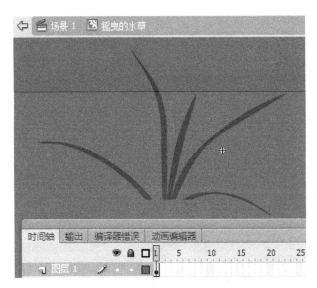

图 5.74 "摇曳的水草"影片剪辑元件第 1 帧的水草形状

34．选择第 10 帧，使用选择工具等改变水草图形或颜色，效果如图 5.75 所示。

35．将第 1 帧复制、粘贴到第 20 帧。

36．分别选择第 1 帧和第 10 帧，鼠标右击，选择"创建补间形状"，如图 5.76 所示。

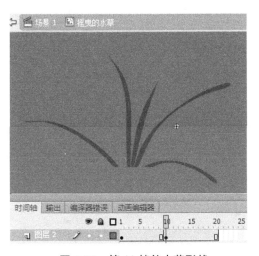

图 5.75 第 10 帧的水草形状

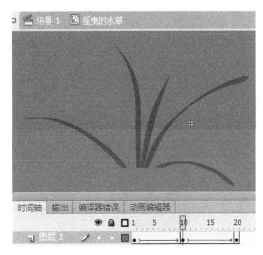

图 5.76 制作补间形状

37．返回到场景中，新建图层"水草群"，将"库"面板中制作的"摇曳的水草"影片剪辑元件拖入若干次，且适当调整大小、位置、颜色等。效果如图 5.77 所示。

38．同样再插入"摇曳的水草"影片剪辑元件，垂直翻转，并降低 Alpha 值，调整成"水草群"的倒影，这样荷塘中的水草及其倒影就不是静止不动的。效果如图 5.78 所示。

39．步骤 37 和步骤 38 的操作，也可以应用"实例"交换的方法实现。即先选中场景中原先拖入的"水草"实例，单击"属性"面板中的"交换"按钮，如图 5.79 所示。

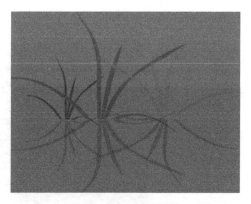

图 5.77　制作"水草群"　　　　　　　图 5.78　制作倒影

图 5.79　单击"交换"按钮

40．在弹出的对话框中的元件列表中选择"摇曳的水草"，然后单击"确定"按钮，如图 5.80 所示。

图 5.80　选择交换的元件

41．下面应用补间动画制作鱼游动时产生的涟漪。

42．新建一个图形元件，命名为"圆"。

43．进入该元件的编辑窗口，选择椭圆工具，取消笔触，选择径向渐变填充。

44．打开"颜色"面板，在颜色编辑器中设置五个颜色滑块，如图 5.81 所示。其中，从左到右的颜色和 Alpha 值分别是：#94FCC7，0%；#F7FFFB，13%，#FFFFFF，100%；#C6FDE0，19%；#C6FDE0，0%。

45．在该元件编辑窗口中，绘制一个椭圆，如图 5.82 所示。

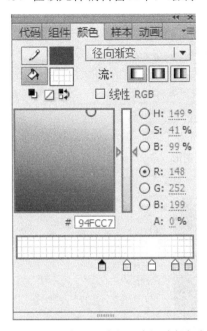

图 5.81　设置径向渐变的五个滑块的颜色　　　　图 5.82　绘制椭圆

46．再新建一个影片剪辑元件，命名为"涟漪"。

47．选择第 1 帧，将图形元件"圆"拖入。适当调整大小，设置 Alpha 值为 0%。

48．选择第 1 帧，鼠标右击，选择创建补间动画，并将结束帧拖到第 30 帧，如图 5.83 所示。

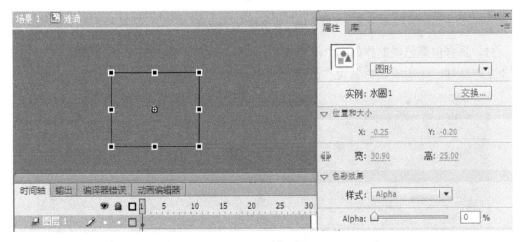

图 5.83　设置第 1 帧图形

49．选择第 15 帧，放大"圆"图形，设置 Alpha 值为 20%，如图 5.84 所示。

50．选择第 30 帧，继续放大"圆"图形，设置 Alpha 值为 0%，如图 5.85 所示。

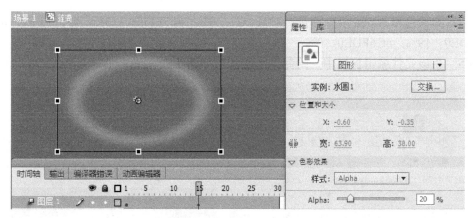

图 5.84　设置第 15 帧图形

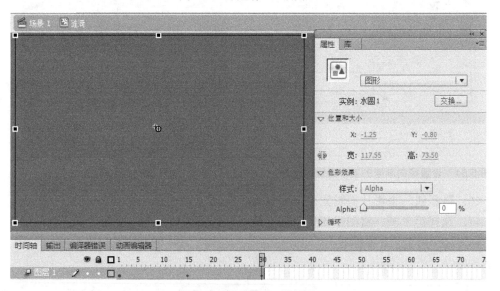

图 5.85　设置第 30 帧图形

51．选择前面已经制作好的"游鱼 1"影片剪辑元件，进入该元件的编辑窗口。在图层 1 上方新建一个图层，命名为"涟漪"，如图 5.86 所示。

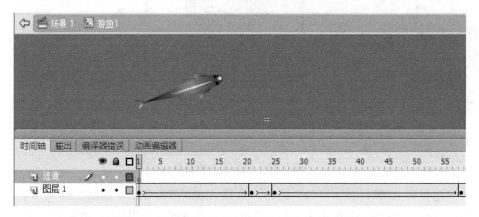

图 5.86　在"游鱼 1"元件窗口中新建"涟漪"图层

52．将前面制作好的"涟漪"影片剪辑元件拖入"涟漪"图层的第1帧。调整该帧的"涟漪"实例位于游鱼1的上方，如图5.87所示。

53．在"涟漪"图层的第25帧，插入关键帧，且调整该帧的"涟漪"实例位于游鱼1的上方，如图5.88所示。

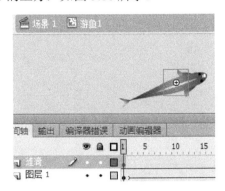

图5.87 第1帧"涟漪"的位置

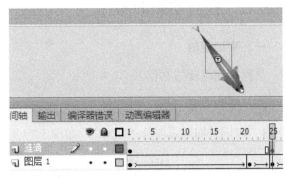

图5.88 第25帧"涟漪"的位置

54．用同样的方法，进入"游鱼2"的编辑窗口，为其添加游动时产生的涟漪。

55．返回到场景中，新建一个"水波"图层，从"库"面板中拖入若干次"涟漪"元件，且适当调整大小、位置和Alpha值。这样经过本项目的继续制作和修改，荷塘就变得更有生机和动感了。

习题

1．填空题

（1）Flash CS6中的补间动画分为三种类型，即_____、_____和_____。

（2）补间形状动画是将_____，它要求的对象是_____。

（3）设置_____可以改变动画的速度。

（4）补间动画要求应用的对象必须是_____、_____和_____。

（5）对于文本应用补间形状动画，应该将文本_____。

2．选择题

（1）设置正常的补间形状动画的帧底纹颜色是_____。

    A．蓝色   B．绿色   C．白色   D．灰色

（2）设置正常的补间动画的帧底纹颜色是_____。

    A．蓝色   B．绿色   C．白色   D．灰色

（3）传统补间动画的补间_____。

    A．须介于两个关键帧   B．只要一个关键帧   C．只有普通帧也能完成

（4）选择补间动画的补间范围内单帧，必须按住_____键。

    A．Ctrl   B．Shift   C．Alt

（5）保存自定义的动画预设，必须使用_____。

    A．补间形状动画   B．传统补间动画   C．补间动画   D．以上均可

3．问答题

（1）传统补间动画和补间动画的区别和联系是什么？

（2）补间形状动画的适用对象是什么？

实训七　补间动画的制作

一、实训目的

掌握补间动画的制作。

二、操作内容

1．应用补间动画制作"气球"，如图 5.89 所示。

图 5.89　应用补间动画制作"气球"

（1）新建一个 Flash 文档。

（2）将预先准备好的背影图片导入到舞台，并调整图片作为舞台的背景。

（3）新建两个图形元件，分别绘制两个透明的气球。

（4）返回场景，在图层 1 的上方新建图层 2 和图层 3，将气球分别拖入图层 2 和图层 3。

（5）分别选择图层 2 和图层 3，应用补间动画制作气球缓缓飞上天空的动画效果。

2．应用补间形状动画制作"蜡烛"，如图 5.90 所示。

（1）新建一个 Flash 文档。背景色设置为"黑色"，尺寸为"400 像素×400 像素"。

（2）创建图形元件"烛身"，使用绘图工具绘制蜡烛的烛身。

（3）重命名图层 1 为"烛身"，将库中"烛身"图形元件拖放到"烛身"图层的第 1 帧。

（4）在"烛身"图层的上方新建一个图层，命名为"火焰"，在该图层的第 1 帧中，使用绘图工具绘制一个火焰的图形。

（5）选择"火焰"图层的第 20、40 和 60 帧，分别改变火焰形状。

（6）分别选择第 1、20、40 帧，鼠标右击，选择"创建补间形状"，制作蜡烛火焰摇曳的动画效果。

图 5.90 应用补间形状动画制作"蜡烛"

3. 使用动画制作方法设计网站 LOGO，效果如图 5.91 所示。

图 5.91 设计网站 LOGO

（1）新建一个 Flash 文档，尺寸为"200 像素×60 像素"，背景色为"黑色（#FFFFFF）"。
（2）应用传统补间动画制作"FLASH 学习网"这串文字的逐个动画。
（3）应用逐帧动画制作">>>学习天地"的动画。
（4）应用补间形状动画分别制作两个橙色光束的动画。

4. 使用补间动画制作综合案例"电子相册封面"，如图 5.92 所示。

图 5.92 电子相册封面的设计

第6章
引导层和遮罩层动画

当创建了一个新的 Flash 文档之后，就包含了一个图层。普通图层起着承载帧的作用，可以将多个图层按照一定的顺序叠放。每一个图层都像一张透明的纸，可以在上面编辑不同的动画而互不影响，并且从下到上逐层被覆盖，这样就组成一幅画面。因此，使用图层可以很好地组织和安排内容。图层主要有三种类型：普通图层、引导层和遮罩层。应用引导层和遮罩层的特殊效果还能灵活地制作出神奇的效果。

▶ 6.1 项目 1 制作"霓虹灯夜景动画"

在 Flash 作品中，常常看到很多炫目神奇的效果，其中不少就是使用"遮罩"完成的。"遮罩动画"是通过遮罩层来实现有选择地显示位于其下方被遮罩层中的内容。另外，图层动画中还包括引导层动画效果。引导层可以辅助被引导图层中对象的运动或者定位，使用引导层可以制作出沿着自定义路径运行的动画。本项目是综合使用遮罩层和运动引导层而制作的"霓虹灯夜景动画"，其效果如图 6.1 所示。本项目分解为以下两个任务。

图 6.1 "项目 1_霓虹灯夜景动画"效果

6.1.1 任务 1：应用遮罩层制作"霓虹灯动画"

一、任务说明

遮罩动画是 Flash 中的一个很重要的动画类型，遮罩层和被遮罩层是配对出现的图层，它们各有不同的特点。遮罩层中的图形对象在播放时是看不到的，而被遮罩层中的对象只能透过遮罩层中的对象才能看到；遮罩层的图标为 ▨，被遮罩层的图标为 ▨。本任务介绍应用遮罩层来制作"霓虹灯动画"，其效果如图 6.2 所示。

图 6.2　"霓虹灯动画"效果

二、任务步骤

1. 新建一个 Flash 文档文件，舞台尺寸为 550 像素×450 像素，保存文件，命名为"项目 1_霓虹灯夜景.fla"。

2. 单击菜单项"文件"/"导入"/"导入到库"，打开素材库"chap6\素材文件"，选择"夜景.jpg"图片文件，将其导入到库。

3. 选择图层 1，命名为"背景"，选择该图层的第 1 帧，将库中的"夜景.jpg"图片文件拖入。调整图片位置，使其大小与舞台一样，且与舞台对齐。

4. 新建一个图形元件，命名为"彩条 1"。进入该元件编辑窗口，绘制一个矩形，且使用颜料桶工具，选择"颜色"面板中最后一个彩色渐变颜色块对其进行填充，如图 6.3 所示。

5. 新建一个图形元件，命名为"彩条"。进入该元件编辑窗口，将库中的"彩条1"图形元件拖入6次，将彩色矩形水平拼接成一个长条形，如图6.4所示。

图6.3　"彩条1"图形元件　　　　　　　　图6.4　"彩条"图形元件

6. 在"背景"图层的上方新建一个图层，命名为"点线"。

7. 选择直线工具，在其"属性"面板中，设置笔触高度为"3"，颜色为白色，样式为"点状线"，参数如图6.5所示。

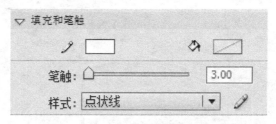

图6.5　直线工具的"属性"面板参数

8. 选择"点线"图层的第1帧，将鼠标移到舞台中，绘制若干条点状竖线，如图6.6所示。

图6.6　"点线"图层的点状竖线

9. 选择"点线"图层第 1 帧中的所有点状竖线，单击菜单项"修改"/"形状"/"将线条转换为填充"。

10. 选择"背景"图层，在其上方新建一个图层，命名为"彩条 1"，选择该图层的第 1 帧。将"库"面板中的图形元件"彩条"拖入。

11. 调整第 1 帧舞台中"彩条"实例的大小和位置，使其位于舞台的左边，如图 6.7 所示。

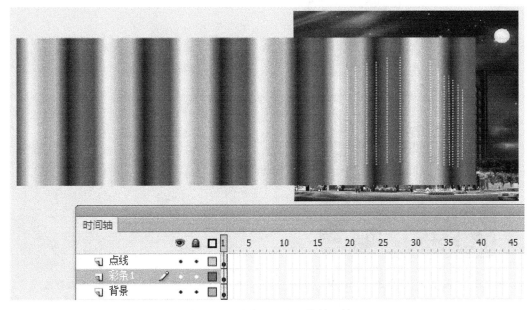

图 6.7　"彩条 1"图层的第 1 帧

12. 选择"背景"图层的第 300 帧和"彩条 1"图层的第 100 帧，插入关键帧。选择"点线"图层的第 100 帧，插入帧。

13. 选择"彩条 1"图层的第 1 帧，鼠标右击，在弹出的快捷菜单中选择"创建传统补间"。

14. 选择"点线"图层，鼠标右击，在弹出的快捷菜单中选择"遮罩层"。"图层"面板如图 6.8 所示。

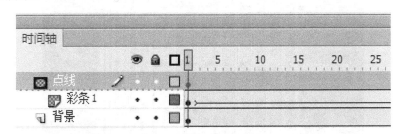

图 6.8　设置遮罩层后的"图层"面板

15. 选择"点线"图层，在其上方新建图层，命名为"彩条 2"。

16. 选择"彩条 2"图层的第 101 帧，插入关键帧。从库中将"彩条 1"图形元件拖入。调整其大小，且位于舞台上方，如图 6.9 所示。

17．在"彩条 2"图层的上方新建一个图层，命名为"细线"。在该图层的第 101 帧，插入关键帧。

18．选择直线工具，在其"属性"面板中，设置笔触样式为"极细线"，颜色为白色，参数如图 6.10 所示。

图 6.9　"彩条 2"图层的第 151 帧

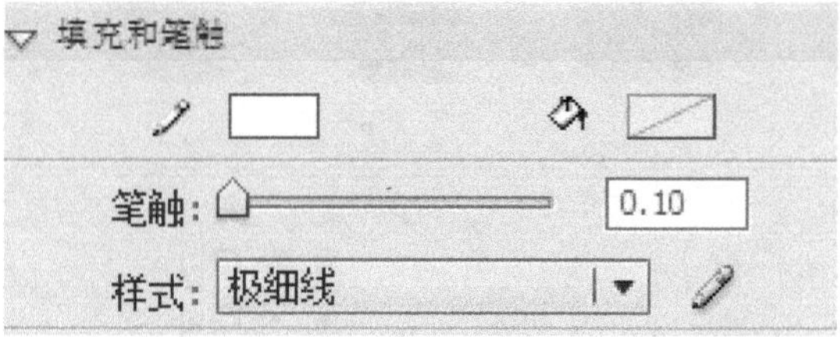

图 6.10　直线工具的"属性"面板参数

19．选择"细线"图层的第 101 帧，将鼠标移到舞台中，绘制若干条细竖线，如图 6.11 所示。

图 6.11　"细线"图层的第 101 帧

20．选择"细线"图层的第 101 帧中的所有细竖线，单击菜单项"修改"/"形状"/"将线条转换为填充"。

21．选择"彩条 2"图层的第 160 帧，插入关键帧。

22．选择"彩条 2"图层的第 101 帧，鼠标右击，选择"创建传统补间"。

23．选择"细线"图层，鼠标右击，在弹出的快捷菜单中选择"遮罩层"。

24．新建图形元件，命名为"菱形彩条"，进入该元件的编辑窗口，使用绘图工具绘制相互水平连接的一串菱形，如图 6.12 所示。

图 6.12　"菱形彩条"图形元件

25．返回主场景，在"细线"图层的上方新建图层，命名为"彩条 3"，选择该图层的第 161 帧，插入关键帧。将"库"面板中的图形元件"菱形彩条"拖入该帧，调整其大小，且使其位于舞台的右边，如图 6.13 所示。

图 6.13　"彩条 3"图层的第 161 帧

26．在"彩条 3"图层的上方新建图层，命名为"细线 1"。

27．选择"细线"图层的第 101 帧，将该帧复制到"细线 1"图层的第 161 帧。

28．选择"彩条 3"图层的第 300 帧，插入关键帧。选择"细线"图层的第 300 帧，插入帧。选择该图层的第 161 帧，鼠标右击，选择"创建传统补间"。

29．选择"细线"图层，鼠标右击，在弹出的快捷菜单中选择"遮罩层"。

30．新建一个图形元件，命名为"彩条 2"，进入该元件的编辑窗口，绘制 8 个上下相连的小矩形，且分别将各矩形填充成不同的颜色，如图 6.14 所示。

31．在"细线 1"图层的上方，新建一个图层命名为"彩条 4"，选择该图层的第 1 帧，将"库"面板中的"彩条 2"元件拖入。调整该实例的水平方向能够遮盖舞台，调整竖直方向高度，使其远比舞台大，且调整该实例的上方与舞台的上边缘对齐。

32．在"彩条 4"图层的上方新建一个图层，命名为"轮廓"。选择该图层的第 1 帧，使用直线工具和钢笔工具，沿着楼房的外轮廓绘制线条，如图 6.15 所示。

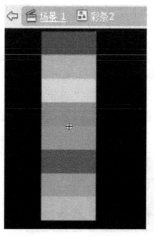

图 6.14 "彩条 2"图形元件

图 6.15 在"轮廓"图层的第 1 帧绘制线条

33．选择"轮廓"图层的第 1 帧中的所有线条，单击菜单项"修改"/"形状"/"将线条转换为填充"。

34．选择"彩条 4"图层的第 150 帧，插入关键帧。向上移动该帧中彩条 2 实例，使实例的下方与舞台的下边缘对齐。

35．选择"彩条 4"图层第 1 帧，将其复制帧到该图层的第 300 帧。分别选择该图层的第 1 帧和第 150 帧，右击鼠标，选择"创建传统补间"。

36．选择"轮廓"图层的第 300 帧，插入帧。选择该图层，鼠标右击，选择"遮罩层"。

37．该任务制作完成，保存文档，测试影片。

三、技术支持

1．图层是透明的，位于上方图层的空白处可以透露出下方图层的内容，而 Flash 的遮罩与这个原理正好相反，只有遮罩层中对象区域的地方才可以显示出下一层即被遮罩层中的图像信息。

2．遮罩的意义。"遮罩"，顾名思义就是遮挡住下面的对象，如图 6.16 所示。

图 6.16 遮罩层和"被遮罩层"

3．遮罩的用处。在 Flash 动画中，"遮罩"主要有两个用途：一个用途是用在整个场景或一个特定区域，使场景外的对象或特定区域外的对象不可见；另一个用途是用来遮罩住某一元件的一部分，从而实现一些特殊的效果。

4．创建遮罩。在 Flash 中没有一个专门的按钮来创建遮罩层，遮罩层其实是由普通图层转化而来的。只需在要转换为遮罩层的图层上单击右键，在弹出的菜单中勾选"遮罩"菜单项，该图层就转换成遮罩层了；图层的图标就会从普通层图标变为遮罩层图标，系统也自动把遮罩层下面的一个图层关联为被遮罩层。如果要关联更多的图层作为被遮罩层，则只需把这些层拖到被遮罩层下面即可。

5．遮罩动画在 Flash 动画制作中是很常用的。很多炫目的图形和文字交错变换的效果都可通过应用遮罩来实现。遮罩层中的图形对象在播放时是看不到的，遮罩层中的内容可以是按钮、影片剪辑、图形、位图、文字、线条等；如果使用线条，则应单击菜单项"修改"/"形状"/"将线条转化为填充"即可。被遮罩层中的内容只能透过遮罩层中的对象被看到。在被遮罩层，可以使用按钮、影片剪辑、图形、位图、文字、线条，如下面"花纹文字"的制作。

① 新建两个图层，分别命名为"文字"和"荷叶"，在"文字"图层中输入文字"flash"，且将该图层设为遮罩层。

② 在"荷叶"图层中导入位图。这样，经过遮罩效果，在文字区域中就显示位图图案，其效果如图 6.17 所示。

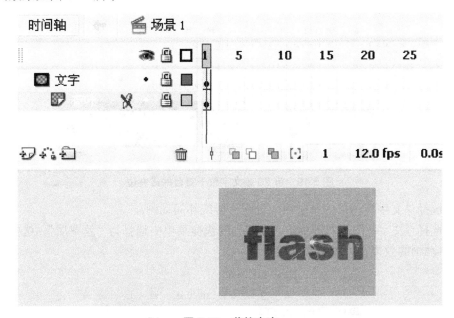

图 6.17　花纹文字

6．遮罩中使用动画形式。可以在遮罩层、被遮罩层中分别或同时使用补间形状动画、传统补间动画、引导层动画等手段，从而使遮罩动画变成一个可以施展无限想象力的创作空间。例如：

① 新建两个图层，即"文字"图层和"菊花"图层，且"文字"图层在上方，"菊花"图层在下方。

② 选择"文字"图层的第 1 帧，在舞台中央输入"flash"文字。

③ 在"菊花"图层的第 1 帧导入一幅菊花图，调整图片位置，使图片右边与文字的右边边缘对齐，如图 6.18 所示。

④ 同时选择两个图层的第 30 帧，按 F6 键插入关键帧。

图 6.18　第 1 帧文字位于舞台的最左边

⑤ 选择"菊花"图层的第 30 帧。将"菊花"图片向右移动，移到其左边与文字的左边对齐，如图 6.19 所示。

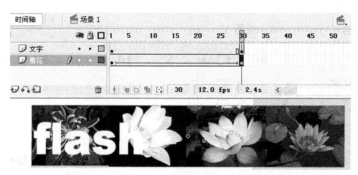

图 6.19　第 20 帧文字位于舞台的最右边

⑥ 选择"文字"图层的第 1 帧，设置为传统补间动画。

⑦ 选择"文字"图层右键单击，在弹出的快捷菜单中选择为"遮罩层"。这样就可设计出遮罩动画的效果，如图 6.20 所示。

图 6.20　最后效果

7．在遮罩层中使用的对象如果包含线条，则应将其转化为填充。在遮罩层和被遮罩层中都可以使用补间形状动画、传统补间动画和引导层动画，从而制作特殊效果的作品。

6.1.2　任务 2：应用引导层制作"流动的光球"

一、任务说明

引导层可以辅助被引导图层中对象的运动或者定位，使用引导层可以制作出沿自定义路径运动的动画效果。但引导层存放的引导路径内容在文件发布或导出时不显示，它只是起着辅助定位和为运动的角色指定运动线路的作用。引导层的图标是 ，被引导层的图标是 ，它与普通图层的相同。本任务是应用引导层制作的闪光球沿建筑物外轮廓线流动的动画效果，如图 6.21 所示。

图 6.21　"流动的光球"效果

二、任务步骤

1．打开在任务 1 中制作的"项目 1_霓虹灯夜景.fla"文件。

2．新建一个图形元件，命名为"闪光球"。进入该元件的编辑窗口，使用椭圆工具绘制三个小椭圆，并且将它们都填充为彩色渐变色，如图 6.22 所示。

3．在"轮廓"图层的上方新建一个图层，命名为"闪光球"。将"库"面板中的图形元件"闪光球"拖入该图层的第 1 帧。

4．选择"闪光球"图层，鼠标右击，选择"添加传统运动引导层"。此时，在"闪光球"图层的上方自动添加一个图层，且自动命名为"引导层"。

5．选择该图层的第 1 帧，使用钢笔工具沿着建筑的外轮廓绘制一个引导路径，如图 6.23 所示。

图 6.22　图形元件"闪光球"　　　　图 6.23　在"引导"图层中绘制的引导线

6．选择"引导层"图层的第 300 帧，鼠标右击，选择插入帧。

7．选择"闪光球"图层的第 1 帧。拖动舞台中的闪光球图形实例，使其中心与引导层中的路径的左边起点对齐，如图 6.24 所示。

8．选择"闪光球"图层的第 150 帧和第 300 帧，鼠标右击，选择插入关键帧。

9．选择"闪光球"图层的第 150 帧。拖动舞台中的闪光球图形实例，使其中心与引导层中的路径的右边终点对齐，如图 6.25 所示。

图 6.24　第 1 帧"闪光球"的位置　　　　图 6.25　第 150 帧"闪光球"的位置

10．分别选择"闪光球"图层的第 1 帧和第 150 帧，鼠标右击，选择"创建传统补间"。

11．分别选择第 1 帧和第 150 帧，打开"属性"面板，设置参数如图 6.26 所示。

图 6.26　"属性"面板的参数

12．该案例制作完毕，保存文件。测试影片效果。

三、技术支持

1．图层的操作

（1）隐藏和显示图层。当编辑不同图层中的对象时，可以隐藏图层以便查看其他图层上的内容。隐藏图层时，可以选择同时隐藏文档中的所有图层，也可以选择分别隐藏各个图层。操作方法如下所述。

① 隐藏"一个图层"。单击图层"眼睛"图标下的小点，"眼睛"列中出现红色的 ，此图层的内容将隐藏，其效果如图 6.27 所示。

② 隐藏"所有图层"。单击图层上方的"眼睛"图标 ，可以隐藏所有的图层。

③ 显示图层。当已隐藏"所有图层"后，再次单击位于"图层"面板上方的"眼睛"的图标 ，可以显示所有的图层。或者依次单击该列中的每个红色 ，可以看到这些图层中的内容在舞台上再次出现。

（2）锁定图层。当图层上的内容已调整到符合要求后，可以锁定该图层，以避免被误操作。锁定图层主要有以下两种操作。

① 在时间轴中，单击"锁定"列下面的黑点，即变为 时，该层被锁定，所有位于该图层上的对象则不能被操作，如图 6.28 所示。

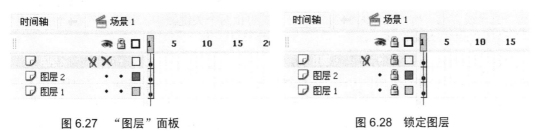

图 6.27　"图层"面板　　　　　　　　图 6.28　锁定图层

② 单击位于"图层"面板上方的 ，可以将所有图层锁定；再单击，可以全部释放。

2．以文件夹的形式组织图层

在 Flash 动画的制作过程中，由于一些动画需要建立许多图层，为此可以创建图层文件夹来组织这些图层。

（1）在时间轴中，选择"图层"面板下方的"插入文件夹"按钮 ，就在"图层"面板中插入一个文件夹，该文件夹是对图层进行管制的。

（2）选择要移到图层文件夹的图层，将其拖放到图层文件夹图标上，就可以将任意的一个图层移到图层文件夹下。在这个"时间轴"面板中，位于某一个图层文件夹内的图层，相对于该文件夹是缩进显示的，如图 6.29 所示。

图 6.29　以"文件夹"组成图层

（3）图层文件夹中，可以通过单击"展开箭头" ▶ 来展开文件夹，也可以通过"折叠箭头" ▼ 来折叠文件夹以及包括的图层。这样当一个作品包含很多图层时，也不显得杂乱无章。

3．引导层的操作

在 Flash 中，有很多对象的运动轨迹是弧线或是不规则的曲线，如月亮围绕地球旋转、小球沿着山坡滚动等。这些都可以使用引导路径动画。

（1）引导层和被引导层的创建。一个最基本"传统引导运动动画"由两个图层组成，上面一层是"引导层"，它的图层图标为 ⁝ ，下面一层是"被引导层" ▫ ，图标同普通图层图标一样。创建"引导层"时，只需在普通图层上右击，选择快捷菜单中的"添加传统运动引导层"，就可以在该层的上方添加一个引导层，同时该普通层自动缩进成为"被引导层"。

（2）引导层和被引导层中的对象。引导层是用来指示元件运行路径的，所以"引导层"中的内容可以是用钢笔工具、铅笔工具、线条工具、椭圆工具、矩形工具等绘制出的线段。"被引导层"中的对象是跟着引导路径运动的，可以使用影片剪辑、图形元件、按钮、文字等，但不能应用形状。

由于引导路径是一种运动轨迹，所以"被引导"层中最常用的动画形式是动作补间动画，当播放动画时，一个或数个元件将沿着运动路径移动；而引导层中所绘制的引导线在文件输出时是不可见的。

（3）向被引导层中添加元件。"引导动画"最基本的操作就是使一个运动动画"附着"在"引导线"上。所以操作时特别要注意，在起止两个关键帧中，被引导对象"中心点"一定要对准引导路径的两个端点。

（4）路径调整与对齐的作用。被引导层中的对象在被引导运动时，还可做更细致的设置。例如，如果勾选"属性"面板中的"调整到路径"复选框，则对象的基线就会调整到运动路径；如果勾选"贴紧"复选框，元件的注册点就会与运动路径对齐，如图 6.30 所示。

（5）引导层的解除。如果想解除引导，可以把被引导层拖离引导层，或在图层区的引导层上单击右键，在弹出的菜单上选择"属性"，在"图层属性"面板中选择"一般"类型，则该图层变为普通图层，不再具有引导层的功能，如图 6.31 所示。

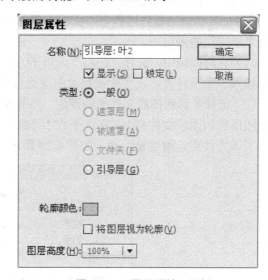

图 6.30 引导层的"属性"面板参数设置   图 6.31 "图层属性"面板

（6）圆周运动的制作。若要设计一个对象沿一个圆周运动，如小球绕着大球转，会发现若在引导层中直接绘制椭圆边框作为路径来引导小球，小球只沿着较短的弧线运动，而不会进行环绕。此时，需用橡皮擦工具将椭圆擦出一个小缺口，小球才能沿着较长的弧线运动。若这段弧线的起点和终点距离很近，则小球的运动效果就如同环绕。引导层路径的绘制情况如图 6.32 和图 6.33 所示。

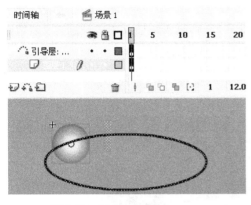

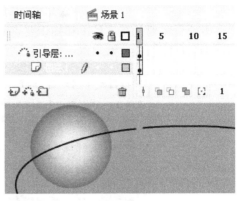

图 6.32　绘制好的圆圈　　　　　　　　　　图 6.33　擦除一个缺口的圆圈

（7）在引导层中可以绘制一条或者多条引导层路径，分别引导多个被引导层的对象沿指定的路径的运动。例如在如图 6.34 和图 6.35 所示的实例子中，在引导层"图层 3"中绘制了两条曲线作为引导路径，而在其下方的"图层 1"和"图层 2"中分别有两片叶子，"叶片 1"沿着 A 曲线运动，"叶片 2"沿着 B 曲线运动。

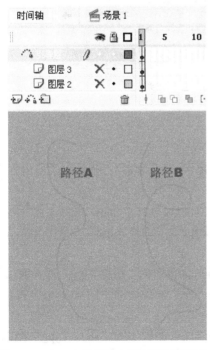

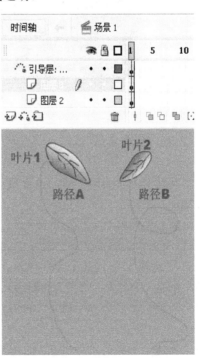

图 6.34　在一个引导层中绘制两条引导线　　　图 6.35　两个引导线引导两片树叶

⫸ 6.2 项目2 操作进阶——引导层和遮罩层综合应用"手机广告"

6.2.1 操作说明

本项目主要是在项目1和知识要点介绍基础之上，巧妙合理地应用逐帧动画、遮罩图层、引导层动画等技术制作一个手机广告，其效果如图6.36所示。

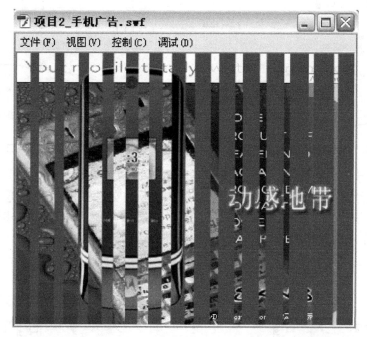

图6.36 "项目2_手机广告"效果

6.2.2 操作步骤

1. 新建一个Flash文档，设置尺寸为"395像素×308像素"，背景为"白色"，帧频为"12fps"

2. 单击菜单项"文件"/"导入"/"导入到库"，将文件夹"chap6/素材文件"下的 制作该项目所需要的图片文件"图片1.jpg"、"图片2.jpg"、"图片3.jpg"、"草坪.jpg"和"篮球1"～"篮球15"这几个文件导入。

3. 新建一个名为"背景"的图形元件。将"库"面板中的"图片1.jpg"拖入该元件中。

4. 新建一个名为"手机1"的图形元件，将"库"面板中的"图片2.jpg"拖入该元件中。

5. 新建一个名为"手机2"的图形元件，将"库"面板中的"图片3.jpg"拖入该元件中。

6. 设计条形遮罩的图形元件。新建一个名为"幕1"的图形元件，用矩形工具□绘制一组条形图案（从左到右矩形条是由大到小排列的），如图6.37所示。

7．设计圆形遮罩的图形元件。新建一个名为"幕 2"的图形元件，用椭圆工具◯绘制一组圆形图案（从中间到外围是由大到小排列的），如图6.38所示。

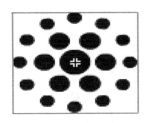

图 6.37　"幕1"的图形元件　　　　　　　　图 6.38　"幕2"的图形元件

8．新建一个名为"篮球"的影片剪辑。

9．选择该元件时间轴的"图层1"的第1～15帧，鼠标右击，选择快捷菜单中的"转为关键帧"项，将该元件的第1帧～15帧均转换成空白关键帧，接着依次从"库"面板中将导入的15个篮球图形文件"篮球1"～"篮球15"拖放到各个空白关键帧中，这样即用逐帧动画设计了篮球旋转的效果，其时间轴如图6.39所示。

10．返回到主场景，将"图层1"重命名为"背景"。

11．打开"库"面板，把"背景"元件拖入到该层的场景中。选择舞台中的"背景"实例，按Ctrl+K组合键打开"对齐"面板，如图6.40所示；然后，单击其中的"左对齐"和"垂直对齐"按钮进行对齐。在这里需要注意的是，一定要开启"相对于舞台"按钮。

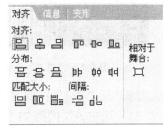

图 6.39　"篮球"逐帧动画的时间轴　　　　　　图 6.40　"对齐"面板

12．选择该图层的第70帧，鼠标右击，选择快捷菜单中的"插入帧"项，在第70帧插入普通帧，如图6.41所示。

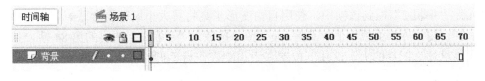

图 6.41　"背景"图层

13．在"背景"图层的上方新建一个"图层2"，双击"图层2"重命名为"手机1"。

14．选中该图层的第15帧，将该帧设为关键帧。

15．打开"库"面板，把"手机1"图形元件拖入"手机1"图层的第15帧。

16．选择该层的第70帧，按F5功能键，将该帧设为普通帧。

17．在"手机1"图层的上方新建一个"图层3"，重命名为"幕1"。

18．选择该图层的第15帧，将该帧设为空白关键帧；打开"库"面板，把"幕1"元件拖到该帧中。

19．选择该图层的第70帧，设置为关键帧。

20．选择"幕1"图层的第15帧，右击，选择"创建传统补间"动画。

21．选择"幕1"图层的第15帧中的"幕1"元件实例，将它移动其到舞台左边，如图6.42所示。

22．选择"幕1"图层的第70帧中的"幕1"元件实例，将它移到舞台的右边。

23．选择"幕1"图层，右击打开快捷菜单，选择"遮罩层"项，如图6.43所示。

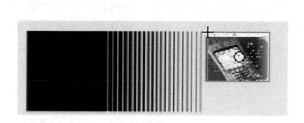

图6.42 "幕1"元件实例

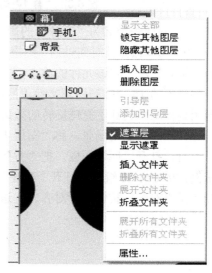

图6.43 选择"遮罩层"

24．在"幕1"图层上方新建一个"图层4"，重命名为"手机2"。

25．选中该层的第71帧，将该帧设为关键帧。

26．打开"库"面板，再次把"手机1"图形元件拖入"手机2"图层的第71帧。选择该层的第83帧，按F5功能键，插入帧。

27．在"手机2"图层面的上方新建一个"图层5"，重命名为"手机3"。

28．选择"手机3"图层的第84帧，将该帧设为空关键帧；打开"库"面板，把图形元件"手机2"拖到该帧中，使用自由变形工具将其大小调整至合适。

29．将"库"面板中的"草坪.jpg"图片拖放入"手机3"图层的第84帧，且调整窗口中"草坪"图片的大小，使其位置和大小刚好作为手机的屏幕，效果如图6.44所示。

30．选择"手机3"层的第215帧，按F5功能键，将该帧设为普通帧。

31．在"手机3"图层的上方新建一个"图层6"，重命名为"幕2"。

32．选择"幕2"图层的第84帧，将该帧设为空白关键帧，打开"库"面板，把图形元件"幕2"拖到该帧中。

33．选择"幕2"图层的第139帧，将该帧设为关键帧。

34．选择"幕2"图层的第84帧，单击鼠标右键，选择"创建传统补间"。

35. 选择"幕 2"图层的第 84 帧中的"幕 2"元件实例，使用任意变形工具将其调整到很小，小到几乎看不见且放置在舞台的中间；选择该图层第 139 帧中该元件的实例，使用任意变形工具将其调整到很大，大到完全覆盖整个舞台，如图 6.45 所示。

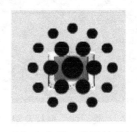

图 6.44　图层"手机 3"的第 84 帧效果　　　　图 6.45　用任意变形工具调整后的效果

36. 选择"幕 2"图层，右键单击打开快捷菜单，选择"遮罩层"项。制作后的图层及"时间轴"面板如图 6.46 所示。

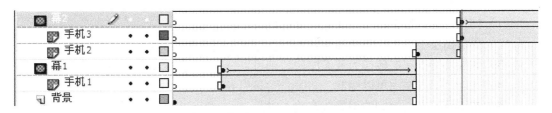

图 6.46　图层及"时间轴"面板

37. 在"幕 2"图层上方新建一个"图层 7"，重命名为"篮球"。

38. 选择"篮球"图层的第 140 帧，将该帧设为空白关键帧。

39. 打开"库"面板，把"篮球"影片剪辑元件拖入该层的第 140 帧。选择第 215 帧，设置为关键帧。

40. 选择"篮球"图层，鼠标右击，选择"添加运动引导层"菜单项，在"篮球"图层的上方新建一个引导层，双击"引导层"的名称，改为"旋涡线"。

41. 将"旋涡线"图层的第 140 帧中设为关键帧；使用铅笔工具在该图层的第 140 帧绘制一条"旋涡线"。

42. 将旋涡线"图层的第 215 帧设为普通帧。

43. 选择"篮球"图层的第 140 帧，将"篮球"实例与"旋涡线"引导层中曲线的起点对齐，如图 6.47 所示。

44. 选择"篮球"图层的第 200 帧，按 F6 功能键插入关键帧。选择该帧中的"篮球"实例，使其与"旋涡线"引导层中的曲线终点对齐，如图 6.48 所示。

45. 分别选择第 140 帧和第 200 帧，鼠标右击，选择"创建传统补间"。

46. 选择"篮球"图层的第 215 帧的"篮球"实例，使用自由变换工具将其放大，使能盖住整个舞台。

47. 该项目制作完毕，保存文档，命名为"项目 2_手机广告.fla"，测试影片。

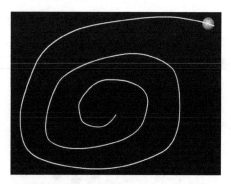

图 6.47 "旋涡线"形状及第 140 帧的篮球位置

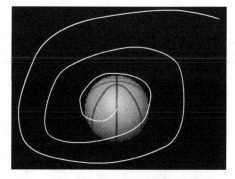

图 6.48 第 200 帧篮球的位置

习题

1．填空题

（1）如果在遮罩层中绘制了线条，则应该将线条_____。

（2）单击图层上方的眼睛图标👁，可以_____。

（3）如果要将遮罩层转换为普通图层，则可以_____。

（4）在一个引导层中可以绘制_____条引导线。

（5）在引导层中所绘制的引导线在输入时是_____的。

2．选择题

（1）若锁定了图层，则_____编辑该层中的图形。

    A．可以   B．不可以

（2）被遮罩层中可以包含的对象有_____。

    A．按钮和影片剪辑   B．图形、位图   C．文字和线条   D．以上都对

（3）一个遮罩层可以遮罩_____个图层。

    A．1   B．2   C．多   D．0

（4）下面关于遮罩层和被遮罩层的描述正确的是_____。

    A．在被遮罩层上，只有遮罩范围内容是可见的

    B．在被遮罩层上，所有内容都是可见的

    C．遮罩层上的所有内容是可见的

    D．遮罩层和被遮罩层上的所有内容都是可见的

（5）下面的说法正确的是_____。

    A．引导层中的内容在文件导出时是可见的

    B．引导层中的内容在文件导出时是不可见的

    C．一个引导层只引导一个图层对象的运动

    D．引导层必须位于被引导层的下方

3．问答题

（1）隐藏与显示图层的作用是什么？

（2）举例说明如何使用引导层。

（3）举例说明如何使用遮罩层。

实训八　引导层动画和遮罩层动画的制作

一、实训目的

掌握引导层和遮罩层的功能及其创建方法。掌握使用引导层和遮罩层制作特殊效果的方法。

二、操作内容

1．案例"电影海报"的制作。

（1）新建一个 Flash 文档，背景色为"黑色（#000000）"。

（2）选择图层 1 的第 1 帧，导入海报图片到舞台。

（3）调整舞台中图片的尺寸与舞台一样大，且刚好平铺舞台。

（4）选择图层 2 的第 1 帧，使用绘图工具绘制几个矩形形。

（5）选择图层 2，右击，选择遮罩层。

（6）制作完成，测试影片，其效果如图 6.49 所示。

图 6.49　"电影海报"效果

2．案例"幻影文字"的制作。

（1）新建一个 Flash 文档，背景色为"黑色（#000000）"。

（2）使用文字工具输入文字"flash"。

（3）将文字分离为图形，删除轮廓线，并设置内部填充为线性渐变效果。

（4）在文字图层的上方插入一个遮罩层，在该遮罩层中绘制一个矩形，使用任意变形工具将矩形调整成平行四边形。

（5）设置遮罩层中的图形形状补间动画效果，从文字的左边移动到右边，其效果如图 6.50 所示。

图 6.50 "幻影文字"效果

3．案例"变换图片"的制作。

（1）新建一个 Flash 文档。

（2）导入两张素材图片到"库"面板中。

（3）将图片 1 拖入图层 1 的第 1 帧。选择该图层第 75 帧，插入帧。

（4）在图层 1 的上方新建一个图层 2，将图片 2 拖入图层 2 的第 1 帧。选择该图层第 75 帧，插入帧。

（5）在图层 2 的上方新建一个图层 3，选择图层 3 的第 1 帧，在舞台的上方中间绘制一个水滴图形。

（6）选择图层 3 的第 35 帧，插入关键帧，选择该帧的水滴图形，将其移至舞台中间。

（7）选择图层 3 的第 75 帧，插入关键帧，选择该帧的水滴图形，将其放大到遮盖整个舞台。

（8）分别选择图层 3 的第 1 帧和第 35 帧，鼠标右击，选择创建补间形状。

（9）选择图层 3，鼠标右击，选择"遮罩层"。

（10）制作完成，保存文档，测试影片，其效果如图 6.51 所示。

图 6.51 "变换图片"效果

4．案例"小球绕大球转"的制作。

（1）新建一个 Flash 文档。

（2）插入三个图形元件，分别制作三个小球，小球颜色分别为红色、蓝色和绿色。

（3）插入一个影片剪辑元件，在图层 1 的第 1 帧拖入蓝色小球。

（4）在图层 1 的上方新建一个图层 2，选择该图层的第 1 帧，拖入绿色小球。

（5）选择图层 2，鼠标右击，选择"创建运动引导图层"。在该图层的第 1 帧，使用椭圆工具绘制一个只有边框轮廓线的椭圆，该椭圆以图层 1 中的蓝色小球为圆心。

（6）使用橡皮擦工具将椭圆轮廓线擦除一小段。选择该图层的第 15 帧，插入帧。

（7）选择图层 2 的第 1 帧，鼠标右击，选择"创建传统补间"。

（8）选择图层 2 的第 1 帧中的绿色小球，使其与椭圆缺口的左边对齐。选择图层 2 的第 15 帧插入关键帧，移动该帧的绿色小球，使其与椭圆缺口的右边对齐。

（9）返回到舞台，将红色小球拖入图层 1 的第 1 帧。

（10）在图层 1 的上方新建一个图层 2，选择图层 2 的第 1 帧，将"库"面板中的影片剪辑元件拖入该帧。

（11）选择图层 2，鼠标右击，选择"创建运动引导图层"。在该图层的第 1 帧，使用椭圆工具绘制一个只有边框轮廓线的椭圆，该椭圆以图层 1 中红色小球为圆心。

（12）用橡皮擦工具，将椭圆轮廓线擦除一小段。选择该图层的第 15 帧，插入帧。

（13）选择图层 2 的第 1 帧，鼠标右击，选择"创建传统补间"。

（14）选择图层 2 的第 1 帧中的影片剪辑元件实例，使其与椭圆缺口的左边对齐。选择图层 2 的第 15 帧插入关键帧，移动该帧的影片剪辑元件实例，使其与椭圆缺口的右边对齐。

（15）制作完成，保存文件，测试影片，其效果如图 6.52 所示。

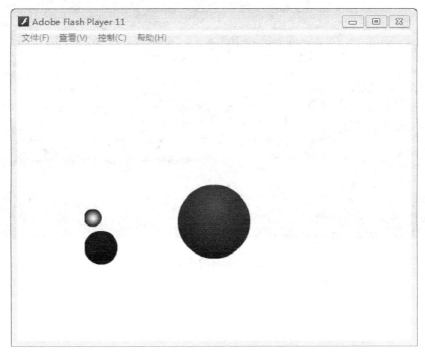

图 6.52　"小球绕大球转"效果

5．案例"酷炫的汽车"的制作。

（1）新建一个 Flash 文档。

（2）选择图层 1 的第 1 帧，导入一张汽车图片到舞台中。

（3）插入一个影片剪辑元件，制作一个闪烁的小星星。

（4）返回到场景中，在图层 1 的上方新建一个图层 2，选择该图层的第 1 帧，拖入星星影片剪辑元件。

（5）选择图层 2，鼠标右击，选择"创建运动引导图层"。在该图层的第 1 帧，使用钢笔工具沿着汽车的外轮廓绘制一条曲线。

（6）选择图层 2 的第 50 帧，插入帧。

（7）选择图层 2 的第 1 帧，鼠标右击，选择"创建传统补间"。

（8）选择图层 2 的第 1 帧中的星星实例，使其与轮廓线左边的起点对齐。选择图层 2 的第 15 帧插入关键帧，移动该帧的星星实例，使其与轮廓线右边的终点火对齐。

（9）保存文件，测试影片，其效果如图 6.53 所示。

图 6.53 "酷炫的汽车"效果

第 7 章

滤镜动画和 3D 动画

在 Flash 中可以给文本、影片剪辑和按钮对象添加滤镜效果，从而快速制作出阴影、模糊、发光、斜角、渐变发光、渐变斜角和调整颜色等效果。另外，Flash CS6 中的 3D 工具包括 3D 平移工具和 3D 旋转工具。利用 3D 工具组与动画相结合可以模拟制作出 3D 动画效果。3D 工具的适用对象必须是影片剪辑元件实例，而图形元件是不能应用 3D 工具的。而且 3D 工具的使用还必须创建 ActionScript3.0 类型的文件以及 Flash Player 10 以上播放器的支持。

▶ 7.1 项目 1 制作公益广告"保护野生动物"

以往，我们通常在 Photoshop 或 Fireworks 等软件中使用滤镜而制作出神奇的效果。本项目介绍使用 Flash 中的滤镜功能和动画设置来制作"保护野生动物"公益广告，其效果如图 7.1 所示。本项目分解为以下两个任务完成制作。

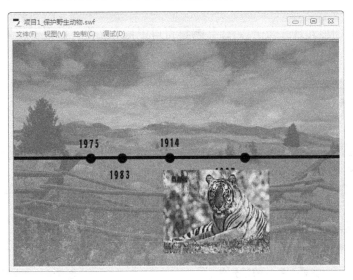

图 7.1 "项目 1_保护野生动物"效果

7.1.1 任务 1：使用调整颜色滤镜制作"变色背景"

一、任务说明

滤镜效果只适用于文本、影片剪辑实例和按钮实例。滤镜效果的添加和设置均在"滤镜"面板中完成。滤镜还能和动画相结合而制作特殊的效果。本任务介绍应用滤镜功能中的"调整颜色"和动画相结合而制作的一个背景褪色的效果，如图 7.2 所示。

图 7.2 应用滤镜制作的背景褪色的效果

二、任务步骤

1. 新建一个 Flash 文档文件。
2. 导入文件夹"素材"中的"背景.jpg"文件。
3. 新建影片剪辑元件"背景"，在其编辑窗口中拖入导入的图片"背景.jpg"文件，如图 7.3 所示。
4. 新建图形元件"文字"，在其编辑窗口中输入文本，设置字体为"黑体"、"黑色"、20 号，如图 7.4 所示。

图 7.3 "背景"影片剪辑元件

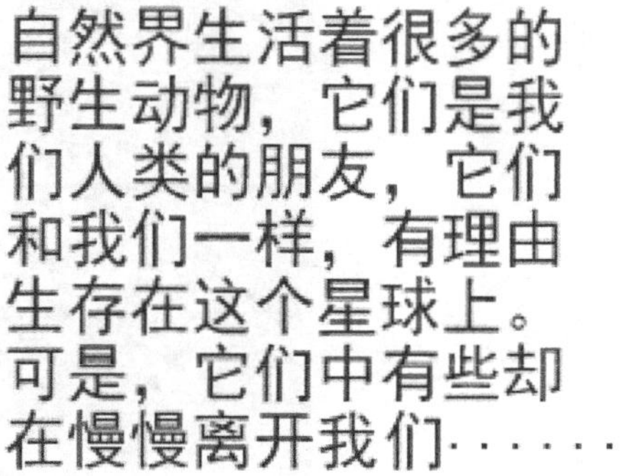

自然界生活着很多的
野生动物，它们是我
们人类的朋友，它们
和我们一样，有理由
生存在这个星球上。
可是，它们中有些却
在慢慢离开我们······

图 7.4 "文字"图形元件

5．新建图形元件"点"，在其编辑窗口中绘制一个黑色小圆，如图 7.5 所示。

6．新建图形元件"轴"，在其编辑窗口中绘制一个黑色实线，如图 7.6 所示。

图 7.5　"点"图形元件　　　　　　　　图 7.6　"轴"图形元件

7．返回场景，将图层 1 重命名为"背景"，选择该图层的第 1 帧，将"库"面板中的影片剪辑元件"背景"拖入其中，调整其大小刚好平铺舞台。

8．选择该图层的第 50、90 和 105 帧，插入关键帧。

9．选择第 90 帧舞台中的背景图片实例，单击其"属性"面板中"滤镜"下方的第一个按钮即"添加滤镜"按钮，在弹出的菜单中选择"调整颜色"，如图 7.7 所示。

10．设置"调整颜色"滤镜的参数，如图 7.8 所示。

图 7.7　"添加滤镜"菜单　　　　　　　图 7.8　"调整颜色"滤镜的参数

11．选择该图层第 105 帧中的背景图片实例，在属性面板的"色彩效果"栏中将其 Alpha 值设置为 25%。

12．返回第 50、90 帧，分别鼠标右击，选择"创建传统补间"。

13．将该图层的第 1 帧，复制帧到第 886 帧，选择第 930 帧，插入帧。

14．在"背景"图层的上方新建图层，将其命名为"文字"，选择该图层的第 109 帧，插入关键帧；将"库"面板中的图形元件"文字"拖入该帧。调整舞台中文字，使其位于舞台中间的下方，如图 7.9 所示。

15．选择该图层的第 210 帧插入关键帧，选择该帧舞台中的文字，将其向上移入舞台中间，如图 7.10 所示。选择第 298 帧，插入空白关键帧。

16．在"文字"图层的上方新建图层"轴"，选择该图层的第 300 帧，插入关键帧，选择"库"面板中的图形元件"轴"拖入该帧，调整其位于舞台的正中间，且长度稍大于舞台宽度，如图 7.11 所示。选择第 885 帧，插入空白关键帧。

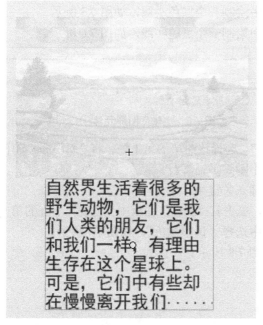

图7.9 第109帧的文字　　　　　　　　　图7.10 第210帧的文字

17．在"轴"图层的上方新建图层"点"，选择该图层的第300帧，插入关键帧。将"库"面板中的图形元件"点"拖入该帧。调整"点"图形，使其位于"轴"图形的左端点，且位于舞台左边之外的视图区中，如图7.12所示。

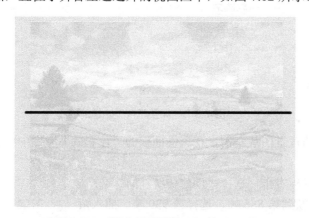

图7.11 "轴"图层的第300帧　　　　　　图7.12 "点"图层的第300帧

18．选择"点"图层的第335、464、568、690、787和884帧，分别插入关键帧。选择第885帧，插入空白关键帧。

19．在这几个关键帧中，分别沿着轴图形向右水平移动舞台中的"点"实例，其位置分别如图7.13～图7.18所示。其中，第884帧中的"点"实例位于舞台右边缘之外的视图区。

20．分别选择"点"图层的第335、464、568、690、787和884帧，鼠标右击，选择"创建传统补间"。

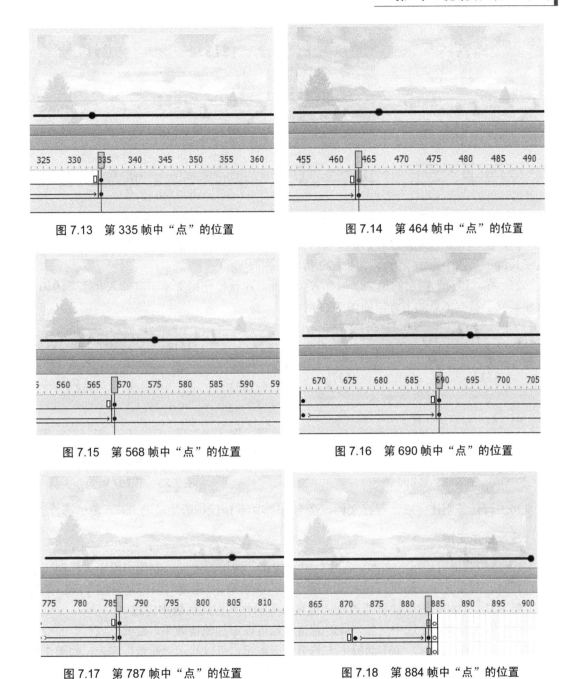

图 7.13　第 335 帧中"点"的位置　　　　图 7.14　第 464 帧中"点"的位置

图 7.15　第 568 帧中"点"的位置　　　　图 7.16　第 690 帧中"点"的位置

图 7.17　第 787 帧中"点"的位置　　　　图 7.18　第 884 帧中"点"的位置

21．在"点"图层的上方新建图层"年份"，选择该图层的第 335 帧，插入关键帧。在该帧使用文本工具输入文字"1875"，且使其位于第一个点的上方，如图 7.19 所示。

22．在"年份"图层的第 464 帧插入关键帧。在该帧使用文本工具输入文字"1883"，且使其位于第二个点的下方，如图 7.20 所示。

23．在"年份"图层的第 568 帧插入关键帧。在该帧使用文本工具输入文字"1914"，且使其位于第三个点的上方，如图 7.21 所示。

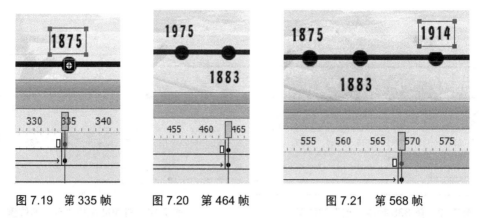

图 7.19　第 335 帧　　　　图 7.20　第 464 帧　　　　图 7.21　第 568 帧

24．在"年份"图层的第 690 帧插入关键帧。在该帧使用文本工具输入文字"1937"，且使其位于第四个点的下方，如图 7.22 所示。

25．在"年份"图层的第 787 帧插入关键帧。在该帧使用文本工具输入文字"1940"，且使其位于第五个点的上方，如图 7.23 所示。

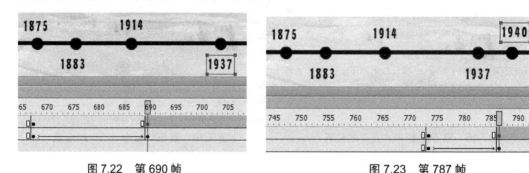

图 7.22　第 690 帧　　　　　　　图 7.23　第 787 帧

26．该任务制作完成，保存文档，命名为"项目 1_保护野生动物.fla"，测试影片。

三、技术支持

1．滤镜效果只适用于文本、影片剪辑和按钮。使用滤镜可以制作出投影、模糊、发光、斜角、渐变发光、渐变斜角和调整颜色等特殊效果。"滤镜"面板是管理 Flash 滤镜的主要工具，添加、删除滤镜或改变滤镜参数等操作均在此面板中完成。

（1）添加滤镜：先选中对象，此时若该对象可以添加滤镜效果，则其"属性"面板中出现"滤镜"栏。此时，单击面板下方的第一个按钮，可以显示"滤镜"列表，如图 7.24 所示；从中可以选择要添加的滤镜。

（2）删除滤镜：选择要删除的滤镜，单击"滤镜"面板中的"删除滤镜"按钮，即可将所选滤镜删除。如果要删除"滤镜"列表中的全部滤镜，则单击"添加滤镜"按钮，在弹出的菜单中选择"删除全部"，该对象上的全部滤镜效果被取消。

2．"滤镜"面板中所提供的滤镜有：投影、模糊、发光、斜角、渐变发光、渐变斜角和调整颜色。

（1）投影滤镜。投影滤镜包括的参数很多，主要有模糊、强度、品质、颜色、角度、距离、挖空、内侧阴影和隐藏对象，如图 7.25 所示。

图 7.24　"滤镜"列表

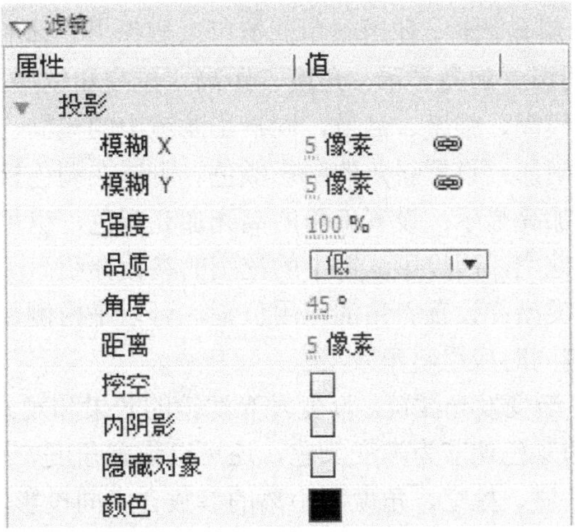

图 7.25　投影滤镜的"滤镜"面板

① 模糊（X 和 Y）：指定投影的模糊程度，可以分别对 X 轴和 Y 轴两个方向设定，取值范围为 0～100。如果单击 X 和 Y 后的按钮 ⊕，则可以解除 X、Y 方向的比例锁定，再次单击可以锁定比例。

② 强度：设置投影的强烈程度，取值范围为 0～100%，数值越大，投影的显示越清晰。

③ 品质：设置投影的品质高低。可以选择"高"、"中"、"低"三项参数，品质越高，投影越清晰。

④ 颜色：设置投影的颜色。单击"颜色"按钮，可以打开调色板选择颜色。

⑤ 角度：设置投影的角度。取值范围为 0°～360°。

⑥ 距离：设置投影的距离。取值范围为−32～32。

⑦ 挖空：在将投影作为背景的基础上，挖空对象的显示。

⑧ 内阴影：设置阴影的生成方向指向对象内侧。

⑨ 隐藏对象：只显示投影而不显示原来的对象。

（2）模糊滤镜。模糊滤镜的参数比较少，主要有模糊和品质两项参数，如图 7.26 所示。模糊、品质的参数含义同投影滤镜中的参数介绍。

（3）发光滤镜。发光滤镜的参数有模糊、强度、品质、颜色、挖空和内发光，如图 7.27 所示。模糊、强度、品质的参数含义同"投影"滤镜中的参数介绍。

图 7.26　模糊滤镜的"滤镜"面板

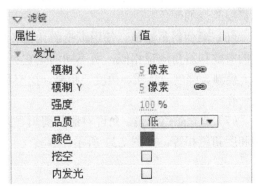

图 7.27　发光滤镜的"滤镜"面板

（4）斜角滤镜。使用斜角滤镜可以制作出立体的浮雕效果，其参数主要有模糊、强度、品质、阴影、加亮显示、角度、距离、挖空和类型，如图 7.28 所示。

① 模糊、强度、品质，同投影滤镜中的模糊、强度、品质的参数介绍。

② 阴影：设置斜角的阴影颜色。可以在调色板中选择颜色。

③ 加亮显示：设置斜角的高光加亮颜色，也可以在调色板中选择颜色。

④ 挖空，同投影滤镜中的挖空的参数介绍。

⑤ 类型：设置斜角的应用位置，可以是内侧、外侧和整个，如果选择整个，则在内侧和外侧同时应用斜角效果。

（5）渐变发光滤镜。渐变发光滤镜的效果和发光滤镜的效果基本一样，不同的是可以将发光的颜色调节为渐变颜色，还可以设置角度、距离和类型，如图 7.29 所示。模糊、强度、品质、挖空、角度和距离的参数含义同投影滤镜中参数的介绍。

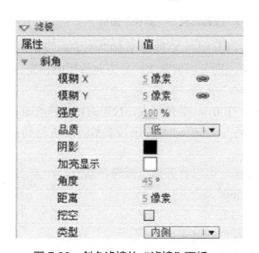

图 7.28　斜角滤镜的"滤镜"面板　　　　图 7.29　渐变发光滤镜的"滤镜"面板

① 类型：设置渐变发光的应用位置，可以是内侧、外侧或强制齐行。

② 渐变色：面板中的渐变色条是控制渐变颜色的工具，在默认情况下为从白色到黑色的渐变色。将鼠标指针移动到色条上，如果出现了带加号的鼠标指针，则表示可以在此处增加新的颜色控制点，如果要删除颜色控制点，只需拖动它到相邻的一个控制点上，当两个点重合时，就会删除被拖动的控制点。单击控制点上的颜色块，会弹出系统调色板供选择要改变的颜色。

（6）渐变斜角滤镜。使用渐变斜角滤镜同样也可以制作出比较逼真的立体浮雕效果，它的参数和斜角滤镜相似，所不同的是它更能精确地控制斜角的渐变颜色，如图 7.30 所示。模糊、强度、品质、角度、距离、挖空和类型的参数含义和斜角滤镜中这些参数的含义一样。

（7）调整颜色滤镜。允许对影片剪辑、文本或按钮进行颜色调整，比如亮度、对比度、饱和度和色相等，如图 7.31 所示。

图 7.30　渐变斜角滤镜的"滤镜"面板　　　图 7.31　调整颜色滤镜的"滤镜"面板

① 亮度：调整对象的亮度。向左拖动滑块可以降低对象的亮度，向右拖动可以增强对象的亮度，取值范围为-100～100。

② 对比度：调整对象的对比度。取值范围为-100～100，向左拖动滑块可以降低对象的对比度，向右拖动可以增强对象的对比度。

③ 饱和度：设定色彩的饱和程度。取值范围为-100～100，向左拖动滑块可以降低对象中包含颜色的浓度，向右拖动可以增加对象中包含颜色的浓度。

④ 色相：调整对象中各个颜色色相的浓度，取值范围为-180～180。

3．"滤镜"列表。

使用滤镜时，可以给一个对象设置一个或者多个滤镜。此时，"滤镜"列表中就会罗列出所添加的滤镜。如果想禁用某个滤镜，则选选中该滤镜，单击面板下方的 👁 按钮即可，如果想重新启用该滤镜，则可以再次单击 👁 按钮即可，对象上该滤镜效果被取消；如果想禁用全部滤镜，则单击"添加滤镜"按钮 🔲，在弹出的菜单中选择"禁用全部"，该对象上全部滤镜效果被取消；如果要重新启用全部滤镜，则单击"添加滤镜"按钮，在弹出的菜单中选择"启用全部"，该对象又恢复所设置的全部滤镜效果。

4．滤镜排序。

"滤镜"列表中的滤镜项目是可调整先后顺序的，可以直接用鼠标拖曳上下移动。

7.1.2　任务 2：使用多个滤镜制作动画"动物灭绝"

一、任务说明

通过"滤镜"面板，除了可以使用上文中介绍的滤镜效果之外，还可以将滤镜设置保存为预设滤镜，从而很便捷地应用到其他影片剪辑和文本对象上，制作出相同的滤镜效果，大大节省工作量。本任务是应用滤镜设置和动画结合制作滤镜动画效果，如图 7.32 所示。

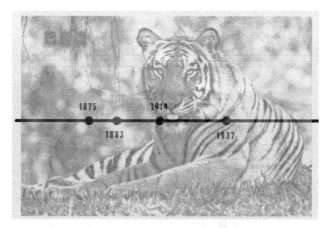

图 7.32 "动物灭绝"滤镜动画效果

二、任务步骤

1．打开任务 1 中制作完成的文档"项目 1_保护野生动物.fla"。

2．导入"素材"文件夹下的五个图片文件"南极狼.jpg"、"斑驴.jpg"、"长尾鹦鹉.jpg"、"巴厘虎.jpg"、"沙猫.jpg"。

3．新建五个影片剪辑元件，分别命名为"南极狼"、"斑驴"、"长尾鹦鹉"、"巴厘虎"、"沙猫"，将"库"面板中导入的五个图片分别对应拖入其中。

4．在"年份"图层的上方新建图层"动物灭绝"；选择该图层的第 345 帧，将"南极狼"影片剪辑元件拖入舞台，调整其大小和舞台一样且平铺舞台。设置其 Alpha 值为 0%。

5．选择该图层的第 364、385 和 406 帧，插入关键帧。选择第 364 帧舞台中的实例图片，设置其 Alpha 值为 100%。选择第 385 帧舞台中的实例图片，在"属性"面板中添加"调整颜色"滤镜，参数如图 7.33 所示。

6．选择第 406 帧。缩小舞台中的实例，且将其移到第一个点的上方，如图 7.34 所示。

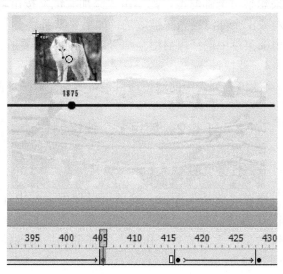

图 7.33 "调整颜色"滤镜参数　　　　　图 7.34 第 406 帧

7．选择第 345、364 和 385 帧，鼠标右击，选择"创建传统补间"。

8．选择第 417 和 429 帧，插入关键帧。选择第 429 帧舞台中的实例图片，在"滤镜"面板中添加"模糊"滤镜，且设置参数如图 7.35 所示。返回选择第 417 帧，创建传统补间。

9．选择该图层的 467 帧，插入空白关键帧。将"库"面板中的影片剪辑元件"斑驴"拖入舞台；调整其大小与舞台一样，且平铺舞台。设置其 Alpha 值为 0%。

10．选择该图层的第 478、505 和 528 帧，插入关键帧。选择第 478 帧舞台中的实例图片，设置其 Alpha 值为 100%。选择第 505 帧舞台中的实例图片，在"属性"面板中的"滤镜"栏中添加"调整颜色"滤镜，参数如图 7.36 所示。

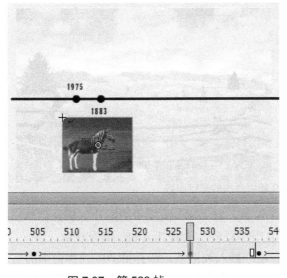

图 7.35　第 429 帧中添加的滤镜参数　　　图 7.36　"调整颜色"滤镜参数

11．选择第 528 帧。缩小舞台中的实例，且将其移到第二个点的下方，如图 7.37 所示。

12．选择第 467、478 和 505 帧，鼠标右击，选择"创建传统补间"。

13．选择第 538 和 545 帧，插入关键帧。选择第 545 帧舞台中的实例图片，在"滤镜"面板中添加"模糊"滤镜，且设置参数如图 7.38 所示。返回选择第 538 帧，创建传统补间。

图 7.37　第 528 帧　　　　　　　　图 7.38　第 545 帧中添加的滤镜参数

14．选择该图层的 571 帧，插入空白关键帧。将"库"面板中的影片剪辑元件"鹦鹉"拖入舞台；调整其大小与舞台一样，且平铺舞台。设置其 Alpha 值为 0%。

15．选择该图层的第 589、614 和 638 帧，插入关键帧。选择第 589 帧舞台中的实例图片，设置其 Alpha 值为 100%。选择第 614 帧舞台中的实例图片，在“属性”面板的“滤镜”栏中添加“调整颜色”滤镜，参数如图 7.39 所示。

16．选择第 638 帧。缩小舞台中的实例，且将其移到第三个点的上方，如图 7.40 所示。

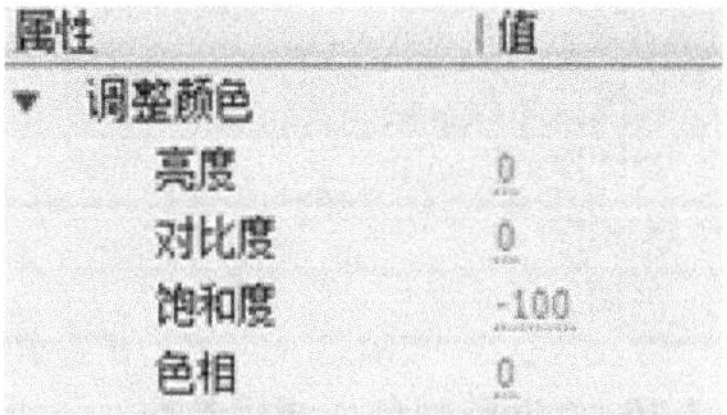

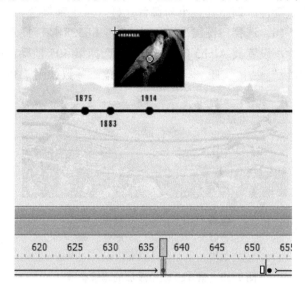

属性
值
调整颜色
亮度
0
对比度
0
饱和度
-100
色相
0

图 7.39 “调整颜色”滤镜参数

1875
1914
1883
620
625
630
635
640
645
650

图 7.40 第 638 帧

17．选择第 571、589 和 614 帧，鼠标右击，选择“创建传统补间”。

18．选择第 653 和 669 帧，插入关键帧。选择第 669 帧舞台中的实例图片，添加“模糊”滤镜，且设置参数如图 7.41 所示。返回选择第 653 帧，创建传统补间。

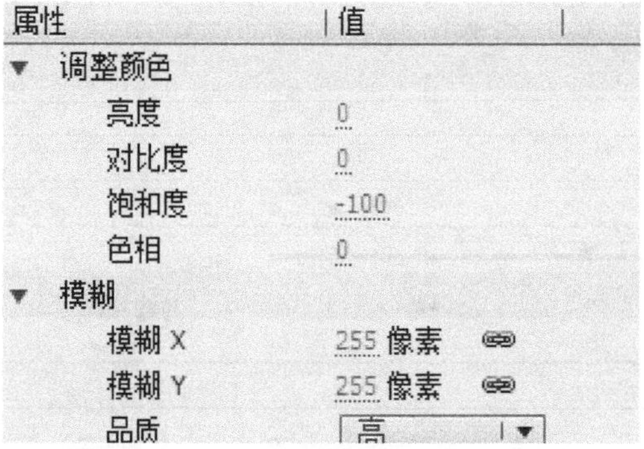

属性
值
调整颜色
亮度
0
对比度
0
饱和度
-100
色相
0
模糊
模糊 X
255 像素
模糊 Y
255 像素
品质
高

图 7.41 第 669 帧中添加的滤镜参数

19．选择该图层的 693 帧，插入空白关键帧。将“库”面板中的影片剪辑元件“巴厘虎”拖入舞台；调整其大小与舞台一样，且平铺舞台。设置其 Alpha 值为 0%。

20．选择该图层的第 704、726 和 746 帧，插入关键帧。选择第 704 帧舞台中的实例图片，设置其 Alpha 值为 100%。选择第 726 帧舞台中的实例图片，添加“调整颜色”滤镜，参数如图 7.42 所示。

21．选择第 746 帧。缩小舞台中的实例，且将其移到第四个点的下方，如图 7.43 所示。

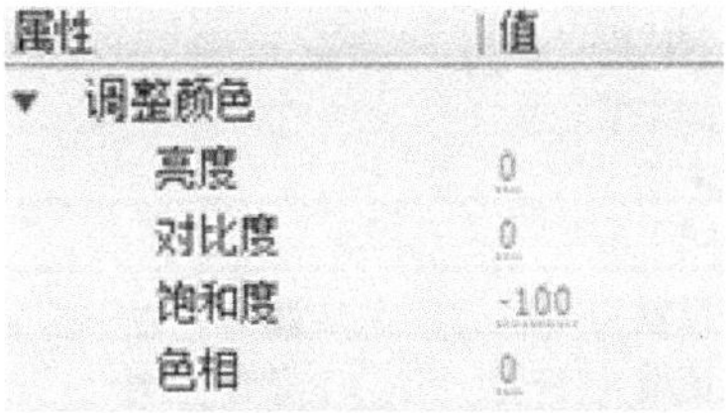

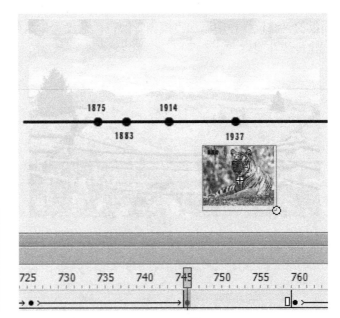

属性
值
调整颜色
亮度
0
对比度
0
饱和度
-100
色相
0

图 7.42　“调整颜色”滤镜参数

1875
1914
1883
1937
725
730
735
740
745
750
755
760

图 7.43　第 746 帧

22．选择第 693、704 和 726 帧，鼠标右击，选择“创建传统补间”。

23．选择第 760 和 775 帧，插入关键帧。选择第 775 帧舞台中的实例图片，添加“模糊”滤镜，且设置参数如图 7.44 所示。返回选择第 760 帧，创建传统补间。

24．选择该图层的 790 帧，插入空白关键帧。将“库”面板中的影片剪辑元件“沙猫”拖入舞台；调整其大小与舞台一样，且平铺舞台。设置其 Alpha 值为 0%。

25．选择该图层的第 803、825 和 839 帧，插入关键帧。选择第 803 帧舞台中的实例图片，设置其 Alpha 值为 100%。选择第 825 帧舞台中的实例图片，添加“调整颜色”滤镜，参数如图 7.45 所示。

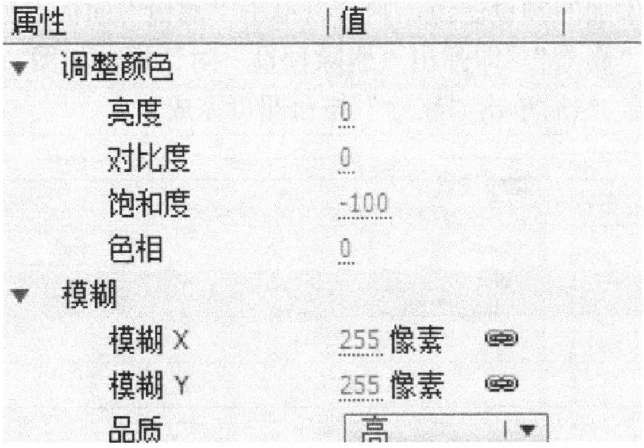

属性
值
调整颜色
亮度
0
对比度
0
饱和度
-100
色相
0
模糊
模糊 X
255 像素
模糊 Y
255 像素
品质
高

图 7.44　第 760 帧中添加的滤镜参数

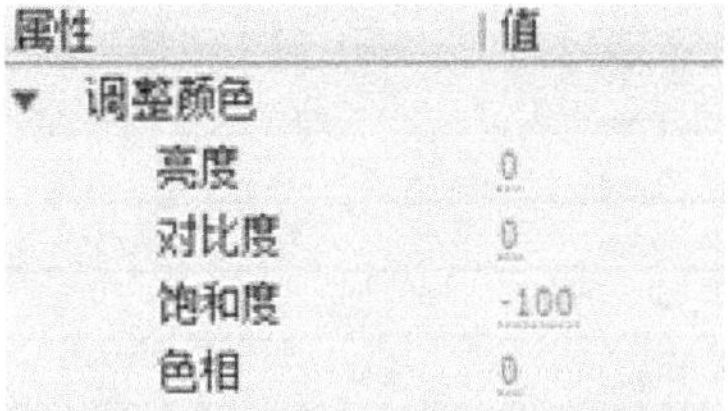

属性
值
调整颜色
亮度
0
对比度
0
饱和度
-100
色相
0

图 7.45　“调整颜色”滤镜参数

26．选择第 839 帧。缩小舞台中的实例，且将其移到第五个点的上方，如图 7.46 所示。

27．选择第 790、803 和 825 帧，鼠标右击，选择“创建传统补间”。

28．选择第 853 和 867 帧，插入关键帧。选择第 867 帧舞台中的实例图片，在“属性”

面板的"滤镜"栏中添加"模糊"滤镜，且设置参数如图 7.47 所示。返回选择第 853 帧，创建传统补间。

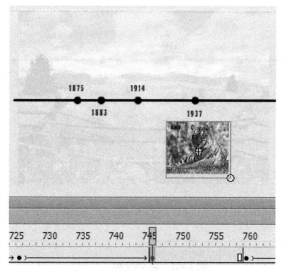

图 7.46　第 839 帧

图 7.47　第 867 帧中添加的滤镜参数

三．技术支持

当多个对象要应用滤镜制作相同的滤镜效果时，使用预设滤镜可以大大提高效率的。创建预设滤镜的方法在上面的任务中已多次应用。

1．预设滤镜的重命名：若想对已经添加的预设滤镜重命名，可以单击"滤镜"面板下方的"预设"按钮 ，在打开的菜单中选择"重命名"，即打开"重命名预设"对话框，如图 7.48 所示。在其预设滤镜的列表中双击要修改的预设名称，然后输入新的预设名称，最后单击"重命名"按钮即可完成。

2．删除预设滤镜：如果要删除已添加的预设滤镜，则可以单击"滤镜"面板下方的"预设"按钮 ，在弹出的菜单中选择"删除"，即弹出"删除预设"对话框，如图 7.49 所示。在其中的列表选择要删除的预设，然后单击"删除"按钮即可完成。

图 7.48　"重命名预设"对话框

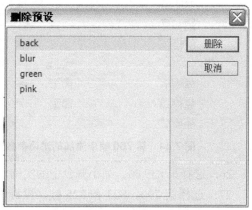

图 7.49　"删除预设"对话框

7.2　项目 2　使用 3D 工具制作虚拟空间动画效果"我爱我家"

Flash CS6 还提供了一组 3D 工具供模拟制作 3D 效果。3D 工具包括 3D 平移工具和 3D 旋转工具。本项目主要是应用这组 3D 工具和动画结合制作一个虚拟三维空间变换的效果；本项目由下面任务组成。效果如图 7.50 所示。

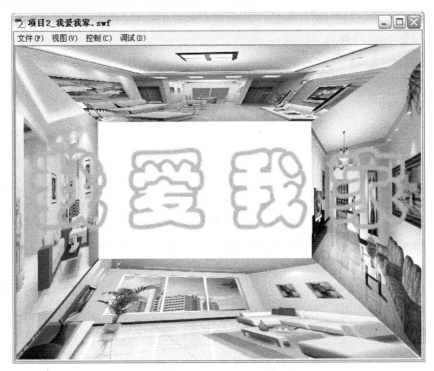

图 7.50　"项目 2_我爱我家"效果

7.2.1　任务 1：制作"虚拟空间动画——我爱我家"

一、任务说明

继 Flash CS4 之后的版本，都新增了 3D 工具，它与动画相结合可以制作出 3D 效果的动画。3D 工具的适用对象是影片剪辑元件实例，3D 工具的使用还需要创建 ActionScript 3.0 类型的文件以及播放器必须是 Flash Player 10 以上的。

二、任务步骤

1. 新建一个 Flash 文档，且在打开的"新建文档"对话框中选择"ActionScript 3.0"，如图 7.51 所示。

2. 设置文档尺寸为"640 像素×480 像素"，默认帧频为 24，背景为"白色（#FFFFFF）"。

3. 单击菜单项"文件" / "导入" / "导入到库"，将文件夹"chap7/素材文件"下的制作该项目所需要的图片文件"1.jpg"、"2.jpg"、"3.jpg"和"4.jpg"导入。

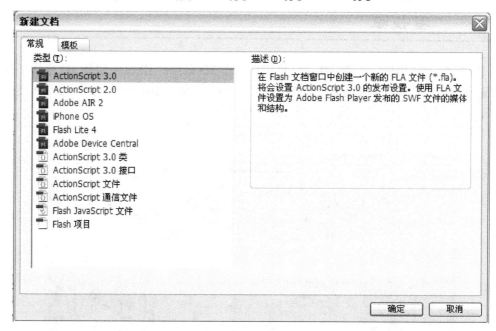

图 7.51 "新建文档"对话框

4．新建一个名称为"图 1"的影片剪辑元件。将"库"面板中的"1.jpg"拖入该元件中。

5．新建一个名称为"图 2"的影片剪辑元件，将"库"面板中的"2.jpg"拖入该元件中。

6．新建一个名称为"图 3"的影片剪辑元件，将"库"面板中的"3.jpg"拖入该元件中。

7．新建一个名称为"图 4"的影片剪辑元件，将"库"面板中的"4.jpg"拖入该元件中。

8．返回到主场景中，单击菜单项"视图"/"标尺"，将标尺显示。从垂直标尺中拖出两条垂直辅助线，如图 7.52 所示。

9．从"库"面板中将"图 1"影片剪辑元件拖入图层 1 的第 1 帧，选择舞台中该实例，打开其"属性"面板，设置其"位置和大小"，如图 7.53 所示。

图 7.52 拖出两条垂直辅助线

图 7.53 设置"位置和大小"

10．选择该图层的第 20 帧，插入关键帧。

11．右击该帧，选择"创建补间动画"；将结束帧拉到 370 帧。

12．将播放头移到第 20 帧，选择"工具"面板中的"3D 旋转工具"。

13．鼠标指向出现的"3D 旋转工具"标志中间的小圆圈，按下鼠标左键拖动至实例左边缘的中间，如图 7.54 所示。

图 7.54　在第 20 帧将"3D 旋转工具"的标志移到实例左边缘的中间

14．将播放头移到该图层的第 60 帧，鼠标指向实例上出现的"3D 旋转工具"标志中绿色的 Y 轴拖曳，让图片沿着 Y 轴旋转调整，使图片的右边缘与左边的辅助线对齐，如图 7.55 所示。

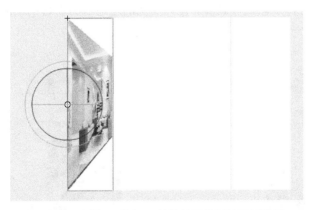

图 7.55　在第 60 帧沿 Y 轴旋转调整图片至辅助线

15．在图层 1 的上方新建一个图层，命名为"图层 2"。

16．选择图层 2 的第 80 帧，插入关键帧，将"库"面板中的"图 2"影片剪辑元件拖入该帧。选择舞台中的"图 2"实例，在其"属性"面板中设置"位置和大小"，如图 7.56 所示。

图 7.56　设置"位置和大小"

17．选择图层 2 的第 100 帧，插入关键帧。右击第 100 帧，选择"创建补间动画"，将结束帧拖至第 370 帧。

18．选择图层 2 的第 100 帧，选择"工具"面板中的"3D 旋转工具"。

19．鼠标指向实例上出现的"3D 旋转工具"标志中间的小圆圈，按下鼠标左键拖动至"图 2"实例右边缘的中间，如图 7.57 所示。

图 7.57　在第 100 帧将"3D 旋转工具"的标志移到实例右边缘的中间

20．将播放头移至第 140 帧，鼠标指向实例上出现的"3D 旋转工具"标志中绿色的 Y 轴拖曳，让图片沿着 Y 轴旋转调整，使该实例的左边缘与右边的辅助线对齐，如图 7.58 所示。

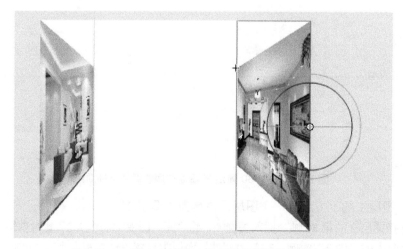

图 7.58　在第 140 帧沿 Y 轴旋转调整图片至辅助线

21．在图层 2 的上方新建一个图层，命名为"图层 3"。选择该图层的第 160 帧，插入关键帧，将"库"面板中的"图 3"影片剪辑元件拖入该帧。选择舞台中"图 3"实例，打开其"属性"面板，设置其"位置和大小"，如图 7.59 所示。

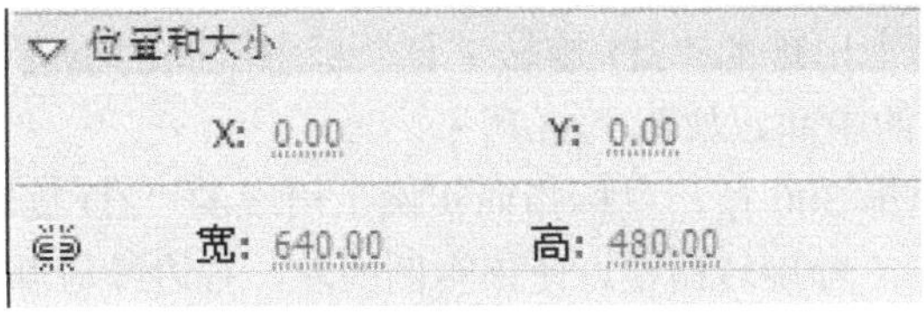

图 7.59　设置"位置和大小"

22．选择图层 3 的第 180 帧，插入关键帧。右击第 180 帧，选择"创建补间动画"，将结束帧拖至第 370 帧。

23．选择图层 3 的第 180 帧，选择"工具"面板中的"3D 旋转工具"。

24．鼠标指向实例上出现的"3D 旋转工具"标志中间的小圆圈，按下鼠标左键拖动至"图 3"实例上边缘的中间，如图 7.60 所示。

25．将播放头移至第 220 帧，鼠标指向实例上出现的"3D 旋转工具"标志中红色的 X 轴拖曳，让图片沿着 X 轴旋转调整，使该实例的左、右边缘与舞台中的"图 1"、"图 2"实例上方边缘对齐，如图 7.61 所示。

图 7.60　第 180 帧 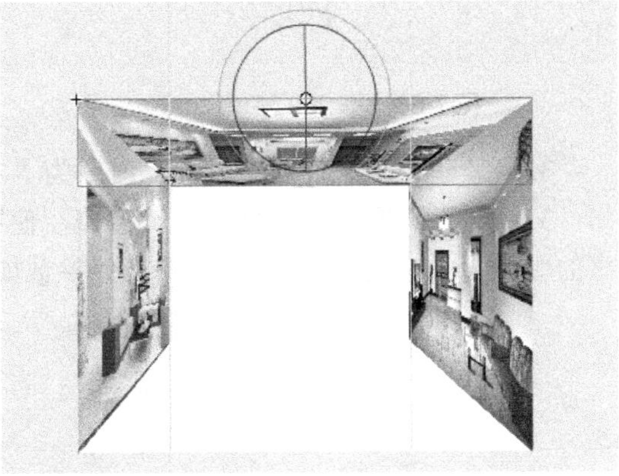　　　　　　　　图 7.61　第 220 帧

26．在图层 3 的上方新建一个图层，命名为"图层 4"。

27．选择图层 4 的第 240 帧，插入关键帧，将"库"面板中的"图 4"影片剪辑元件拖入该帧。选择舞台中"图 4"实例，在其"属性"面板中设置"位置和大小"，如图 7.62 所示。

图 7.62　设置"位置和大小"

28．选择图层 4 的第 260 帧，插入关键帧。右击第 260 帧，选择"创建补间动画"，将结束帧拖至第 370 帧。

29．选择图层 4 的第 260 帧，选择"工具"面板中的"3D 旋转工具"。

30．鼠标指向实例上出现的"3D 旋转工具"标志中间的小圆圈，按下鼠标左键拖动至"图 4"实例下边缘的中间，如图 7.63 所示。

31．将播放头移至第 300 帧，鼠标指向实例上出现的"3D 旋转工具"标志中红色的 X 轴拖曳，让图片沿着 X 轴旋转调整，使该实例的左、右边缘与舞台中的"图 1"、"图 2"实例下方边缘对齐，如图 7.64 所示。

 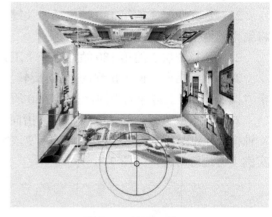

图 7.63　第 260 帧　　　　　　　　　　图 7.64　第 300 帧

32．新建一个影片剪辑元件，命名为"文字"。

33．进入"文字"元件的编辑窗口，使用文本工具输入文字"我爱我家"，设置该文字的颜色为"橙色（#FF9900）"，其他参数如图 7.65 所示。

图 7.65　文字参数

34．返回到主场景，在图层 4 的上方新建一个图层，命名为"图层 5"。

35．选择图层 5 的第 280 帧，插入关键帧。将"库"面板中的"文字"影片剪辑元件拖入该帧。

36．为了便于调整文字，先将其他四个图层暂时隐藏；将"文字"实例调整到舞台中间，且使用任意变形工具调整其至较小，如图 7.66 所示。

37．右击图层 5 的第 280 帧，选择"创建补间动画"。将结束帧调整至 370 帧。

38．将播放头移至第 330 帧，选择该帧的文字实例，选择"工具"面板中的"3D 平移工具"，则文字实例上出现"3D 平移工具"的标志，如图 7.67 所示。

39．鼠标指向中间黑点处的 Z 轴，按下左键向右下方拖曳，使实例沿 Z 轴向后平移放大，直至放大至舞台边缘，效果如图 7.68 所示。

图 7.66 调整第 280 帧文字的大小和位置

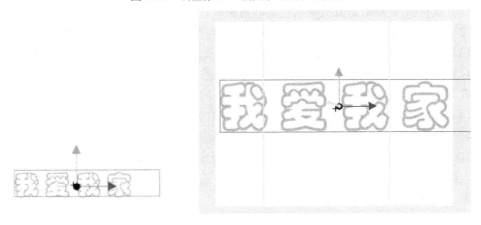

图 767 "3D 平移工具"的标志   图 7.68 在第 330 帧使实例沿 Z 轴向后平移

40．将图层 5 移动到图层 4 的下方，且将其他四个图层取消隐藏。

41．该任务制作完成，保存文档，命名为"项目 2_我爱我家.fla"，测试影片。

三、技术支持

1．3D 工具的适用条件：3D 工具须适用于影片剪辑元件。如果是图形元件、按钮元件和文字，均须转换为影片剪辑元件之后才能使用 3D 工具组。而且在创建文档时还要选择"ActionScript 3.0"类型，以及发布文件时还须选择播放器为 Flash Player 10 以上。

另外，使用 3D 工具制作 3D 动画时，只能选择"补间动画"，它不支持传统补间动画。

2．3D 工具组包含两个工具，即 3D 平移工具和 3D 旋转工具。在舞台中选择一个影片剪辑元件实例后，选择 3D 平移工具或者 3D 旋转工具，实例上即出现该工具的标志，此时就可以进行 3D 操作了，如图 7.69 和图 7.70 所示。

 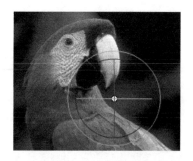

图 7.69　3D 平移工具的标志　　　　　　图 7.70　3D 旋转工具的标志

3．3D 平移工具。

3D 平移工具有三个轴：X、Y、Z，使我们可以在 3D 空间移动影片剪辑实例。其中，红色水平的为 X 轴、垂直绿色的为 Y 轴，中间黑色的圆点为 Z 轴。

（1）鼠标指向 X 轴的箭头呈黑色实心箭头时，可以沿着水平的 X 轴平移实例对象。

（2）鼠标指向 Y 轴的箭头呈黑色实心箭头时，可以沿着垂直的 Y 轴平移实例对象。

（3）鼠标指向中间黑色的圆点呈黑色实心箭头时，可以向左上方或者右下方拖曳，使实例对象沿 Z 轴平移；此时若向左上方拖曳，是沿 Z 轴远离用户平移，实例变小；相反，若向右下方拖曳，则是沿 Z 轴靠近用户平移，实例变大。

（4）鼠标指向中间黑点时，按住 Alt 键，按住左键拖动鼠标，可以移动该工具标志。

4．"属性"面板中的"3D 定位和查看"栏。

3D 平移还可以通过参数设置实现。选中舞台中的影片剪辑实例对象，打开其"属性"面板，选择其中的"3D 定位和查看"栏，在其中输入 X、Y、Z 参数值也能达到相同的移动效果，如图 7.71 所示。

图 7.71　"3D 定位和查看"栏

5．3D 旋转工具。

3D 旋转工具也有三个轴：X、Y、Z，可以使影片剪辑实例对象沿着这三个轴旋转。3D 旋转工具的标志是由两条不同颜色的直线和两个圆组成的。

（1）红色竖线：当鼠标指向红色竖线时，鼠标呈带 X 的黑色箭头，表明此时按下左键拖动鼠标，可使实例对象沿 X 轴旋转，如图 7.72 所示。

图 7.72　实例对象沿 X 轴旋转

（2）绿色水平线：当将鼠标指向绿色水平线时，鼠标呈带 Y 的黑色箭头。表明此时按下左键拖动鼠标，可使实例对象沿 Y 轴旋转，如图 7.73 所示。

（3）蓝色的圆：当将鼠标指向蓝色的圆时，鼠标呈带 Z 的黑色箭头。表明此时按下左键拖动鼠标，可以使实例沿 Z 轴旋转，如图 7.74 所示。

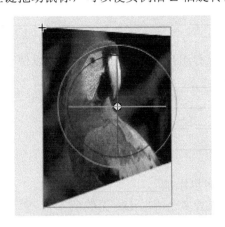 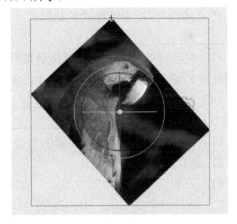

图 7.73　实例对象沿 Y 轴旋转　　　　图 7.74　实例对象沿 Z 轴旋转

（4）橙色的圆：当将鼠标指向最外围橙色的圆时，鼠标呈不带任何字母的黑色箭头。此时按下左键拖动鼠标，可以沿任意轴旋转实例，如图 7.74 所示。

（5）中心点：中间的小圆圈，即中心点。当鼠标指向该中心点时，按下左键拖动，可以移动该工具标志，移动中心点；双击该中心点，可以将该工具标志复原至原图的中心。

6. "变形"面板。

选中舞台中的影片剪辑实例对象，然后单击菜单项"窗口"/"变形"，弹出的"变形"面板，如图 7.76 所示。设置其中的"3D 旋转"项中 X、Y、Z 三个参数可以同样使实例对象沿这三个轴旋转。 设置其中的"3D 中心点"项中 X、Y、Z 三个参数，同样可以设置中心点位置。

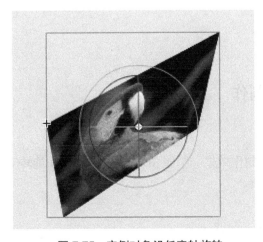 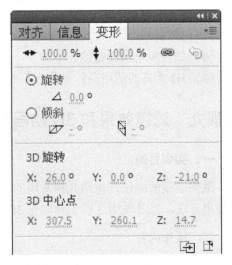

图 7.75　实例对象沿任意轴旋转　　　　图 7.76　"变形"面板

习题

1．填空题

（1）_____是在 Flash CS4 之后的新版本中新增加的功能。

（2）"滤镜"面板中所提供的滤镜有_____、_____、_____、_____、_____、_____和_____7 种。

（3）在给对象设置了一些滤镜效果后，如果想保存组合在一起的滤镜效果，以便于以后继续使用或者应用到其他的对象中，则可以执行_____，将效果保存起来。

（4）3D 工具组包括_____和_____。

（5）3D 平移工具的轴包括_____、_____和_____。

（6）3D 旋转工具最外面的圆的功能是_____。

2．选择题

（1）在对一个对象添加"滤镜"效果时，一次可以添加_____滤镜效果。

    A．一个   B．多个   C．一个或者多个   D．无数个

（2）可以添加"滤镜效果"的对象是_____。

    A．文本、影片剪辑和按钮   B．图形元件

    C．图形元件、文本、影片剪辑和按钮   D．图形元件和影片剪辑

（3）3D 工具的适用对象是_____。

    A．按钮元件实例   B．影片剪辑元件实例

    C．以上都对   D．图形元件实例

（4）3D 平移工具的中心点_____。

    A．可以移动   B．不能移动

（5）预设滤镜_____。

    A．可以重命名   B．不能重命名

（6）关于"3D 工具的操作只能通过拖动轴来完成的说法"是_____。

    A．正确   B．错误

3．思考题

（1）如何应用预设滤镜？

（2）3D 工具的适用条件是什么？

实训九　滤镜效果和 3D 动画的制作

一、实训目的

掌握滤镜的操作，使用几种常用的滤镜制作效果。掌握 3D 平移工具和 3D 旋转工具的使用方法，以及使用这些工具制作 3D 动画。

二、操作内容

1．制作"放飞梦想"，如图 7.77 所示。

（1）新建一个影片剪辑元件，使用绘图工具绘制一个蓝色矩形。

（2）使用刷子工具绘制若干个白色区域。

（3）将该影片剪辑元件拖入场景图层1的第1帧。

（4）选择该影片实例，添加"模糊滤镜"，形成蓝天白云的效果。选择该图层的第100帧，插入关键帧，调整该帧实例的模糊滤镜参数。选择该图层的第1帧，选择传统补间动画。

（5）插入图形元件，在其中绘制一个风筝图形。

（6）返回场景，在图层1上方新建图层2，选择该图层的第1帧，将风筝图形元件拖入其中，右击第1帧，选择补间动画，将结束帧拖动到第100帧。

（7）制作完成，保存文档，测试影片。

图7.77　使用滤镜制作的"放飞梦想"

2．使用"调整颜色"滤镜制作一幅黑白照片变换为彩色图片的动画效果，如图7.78所示。

图7.78　使用"调整颜色滤镜"将黑白照片变换为彩色图片

（1）新建一个 Flash 文档。

（2）导入一幅图片到舞台。

（3）将导入的该图片转换为影片剪辑元件。

（4）在第 1 帧中将图片使用"调整颜色"滤镜设置为黑白。

（5）在第 50 帧中，使用"调整颜色"滤镜将图片的色相参数转变为彩色。

（6）在第 1 帧中设置补间为"动画"。

（7）用同样方法继续制作色彩变换动画。

3．使用 3D 工具制作 3D 动画效果，如图 7.79 所示。

（1）新建一个 ActionScript 3.0 的 Flash 文档。

（2）导入需要的图片素材。新建一个影片剪辑元件，将该图片拖入。

（3）返回到场景，将影片剪辑元件拖入第 1 帧。选择"创建补间动画"。

（4）使用 3D 平移工具和 3D 旋转工具制作 3D 动画效果。

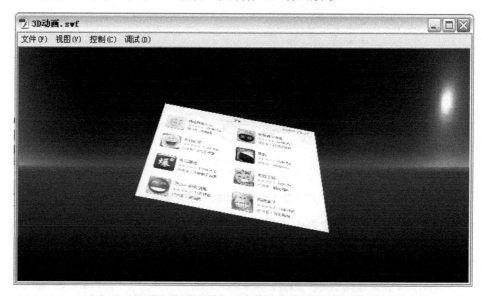

图 7.79　使用 3D 工具制作 3D 动画效果

骨骼动画

骨骼工具是在 Flash CS4 版本之后新增加的又一个功能,在 CS6 中其功能得到了进一步完善,使用骨骼工具和动画结合,可以轻松地创建关节动画。

▌➡ 8.1 项目 1 制作骨骼动画"毛毛虫"

在 Flash 新增骨骼工具之前,若要制作关节动画,则只能依靠编写复杂的脚本或者使用逐帧动画一帧一帧地制作,这导致很大工作量。目前在 CS6 版本中,可以使用骨骼工具快捷地制作出类似的动画效果。本项目介绍如何使用该工具和补间动画来制作可爱的毛毛虫爬行的动画效果,如图 8.1 所示。本项目由下面一个任务组成。

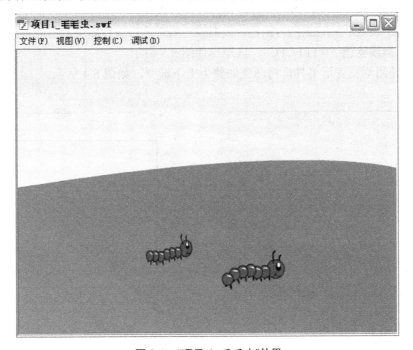

图 8.1 "项目 1_毛毛虫"效果

任务：制作"毛毛虫爬行"

一、任务说明

骨骼工具位于"工具"面板中，使用它可以对元件实例或者形状对象制作出模拟的关节结构，再结合创建补间动画，在不同的属性关键帧，调整关节结构的不同状态，从面完成模拟的关节动画效果，如图 8.2 所示。

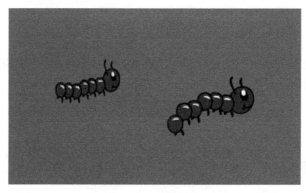

图 8.2 "毛毛虫爬行"效果

二、任务步骤

1. 新建一个 Flash 文档文件，背景色为"灰色（#999999）"，尺寸为"550 像素×400像素"，帧频为 12fps。保存文件，命名为"项目 1_毛毛虫.fla"。

2. 新建一个图形元件，命名为"背景"；进入该元件的编辑窗口，使用矩形工具绘制一个矩形，该矩形笔触颜色为黑色，极细线；填充色为线性渐变，左边渐变颜色滑块为白色，右边为浅蓝色（# FFFCFC）。该矩形如图 8.3 所示。

3. 使用渐变变形工具，将渐变调整为上下渐变，如图 8.4 所示。

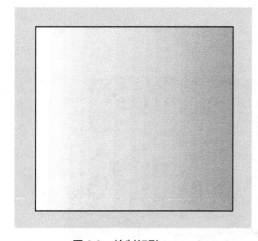

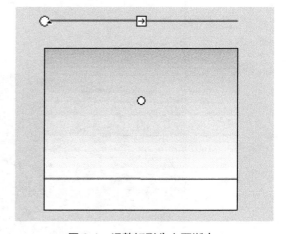

图 8.3 绘制矩形　　　　　　　　　　图 8.4 调整矩形为上下渐变

4. 使用直线工具，在矩形的中下方绘制一条水平线，如图 8.5 所示。

5. 使用选择工具，将中间的直线调整为曲线，如图 8.6 所示。

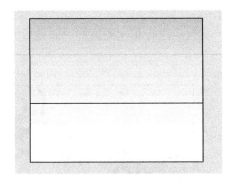

图 8.5　绘制直线

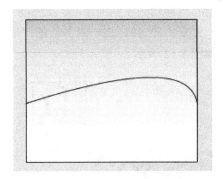

图 8.6　调整直线为曲线

6. 使用颜料桶工具，将填充色设置为线性渐变，左边渐变颜色滑块为绿色（＃00A109），右边的颜色滑块为黄绿色（＃6B8307），将颜料桶工具在矩形下方区域单击进行填充，如图 8.7 所示。

7. 新建一个图形元件，命名为"头"，进入该元件窗口，使用绘图工具绘制毛毛虫的头，其形状如图 8.8 所示。

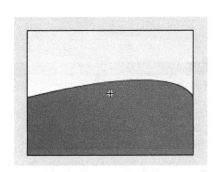

图 8.7　将矩形的下方填充为另一渐变色

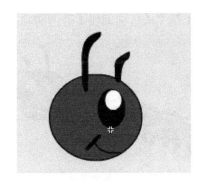

图 8.8　图形元件"头"

8. 新建一个图形元件，命名为"躯干"，进入该元件窗口，使用绘图工具绘制毛毛虫的躯干的一节，其形状如图 8.9 所示。

9. 新建一个影片剪辑元件，命名为"爬行"，进入该元件窗口，将"库"面板中的元件"头"拖入，并拖入元件"躯干"多次，将各实例排列为如图 8.10 所示的毛毛虫形状。

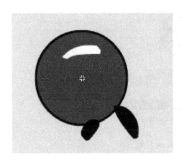

图 8.9　图形元件"躯干"

图 8.10　影片剪辑元件"爬行"

10．选择"工具"面板中的任意变形工具，移到舞台中单击"头"实例，将任意变形工具的中心点移动到实例的中心，如图 8.11 所示。

11．重复步骤 10，逐一对其他的"躯干"实例也进行相同的调整。调整后的各中心点位置如图 8.12 所示。

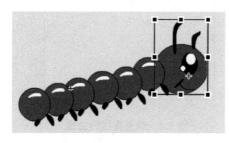

图 8.11　调整中心

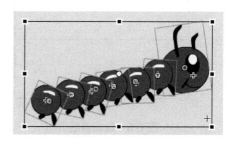

图 8.12　各实例的中心点

12．选择"工具"面板中的骨骼工具 ✎，鼠标移到舞台中"头"实例的中心，按下鼠标左键拖动到与头相连的第一个"躯干"实例的中心释放，此时在它们之间出现了一个骨骼箭头，如图 8.13 所示。

13．此时的"时间轴"面板自动出现了一个"骨架_1"图层，如图 8.14 所示。该图层的第 1 帧上还自动创建了补间动画。

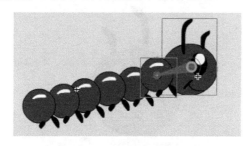

图 8.13　骨骼箭头

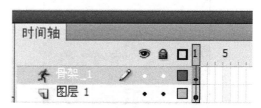

图 8.14　"骨架_1"图层

14．重复步骤 12，使用骨骼工具将后面的各个躯干实例用骨骼箭头连接，全部连接完的效果如图 8.15 所示。原先位于图层 1 中的各元件在创建完骨骼系统后，全部移动到上方的"骨架_1"图层上了。

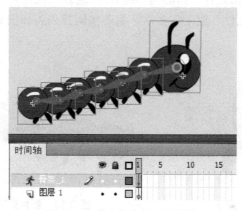

图 8.15　对全部实例创建骨骼

15. 将"骨架_1"图层的结束帧调整到第 45 帧。

16. 将播放头移动到第 10 帧，鼠标右击，选择"插入姿势"，然后使用选择工具和任意变形工具对舞台中的骨骼进行调整，使毛毛虫的形态发生一些变化，调整后的效果如图 8.16 所示。

17. 将播放头移动到第 20 帧，鼠标右击，选择"插入姿势"，然后使用选择工具和任意变形工具对舞台中的骨骼进行调整，使毛毛虫的形态发生一些变化，调整后的效果如图 8.17 所示。

图 8.16　第 10 帧的骨骼形状　　　　　图 8.17　第 20 帧的骨骼形状

18. 将播放头移动到第 30 帧，鼠标右击，选择"插入姿势"，然后使用选择工具和任意变形工具对舞台中的骨骼进行调整，使毛毛虫的形态发生一些变化，调整后的效果如图 8.18 所示。

19. 将播放头移动到第 40 帧，鼠标右击，选择"插入姿势"，然后使用选择工具和任意变形工具对舞台中的骨骼进行调整，使毛毛虫的形态发生一些变化，调整后的效果如图 8.19 所示。

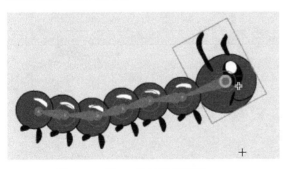 

图 8.18　第 30 帧的骨骼形状　　　　　图 8.19　第 40 帧的骨骼形状

20. 返回到主场景，将图层 1 重命名为"背景"；从库中将图形元件"背景"拖入该图层的第 1 帧。

21. 在"属性"面板中设置该实例的宽为 800，高为 400；上、下边与舞台的上、下边对齐，左边与舞台的左边对齐。

22. 选择"背景"图层的第 120 帧，插入关键帧。水平调整该帧实例，使其右边与舞台的右边对齐。

23. 选择"背景"图层的第 1 帧，鼠标右击，选择"创建传统补间"。

24. 在"背景"图层的上方新建一个图层，命名为"虫 1"；将"库"面板中的影片剪辑元件"爬行"拖入该图层的第 1 帧。调整该实例大小和位置，使其位于左边视图区下方，如图 8.20 所示。

图 8.20　"爬行"实例在左边视图区下方

25. 鼠标右击"虫 1"图层的第 1 帧，选择"创建补间动画"；将结束帧调整到第 120 帧。

26. 将播放头移动到第 120 帧，拖动"爬行"实例到舞台右上方之外的视图区，且缩小该实例；接着使用选择工具将路径调整为曲线，如图 8.21 所示。

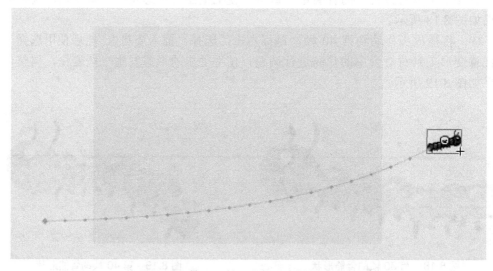

图 8.21　第 120 帧"爬行"实例的运动路

27. 在"虫 1"图层的上方新建一个图层，重命名为"虫 2"；选择该图层的第 15 帧，插入关键帧，将"库"面板中的"爬行"实例拖入该帧。调整该实例大小和位置，使其位于舞台左边下方之外的视图区。

28. 重复前面的步骤，制作另一只毛毛虫类似的爬行动画效果，制作完成后的"时间轴"面板如图 8.22 所示。

29. 该任务制作完毕，保存文件，测试影片效果。

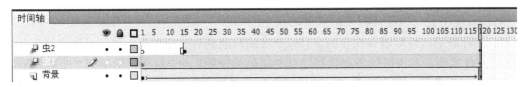

图 8.22 "时间轴"面板

三、技术支持

1．骨骼工具的使用

在 Flash CS6 中使用骨骼工具可以向元件实例或者形状添加骨骼。添加骨骼时形成的骨骼箭头称为骨架。骨架的作用就是将两个物体彼此相连。而且在添加骨骼之后，会自动创建"骨架"图层，"骨架"图层自动将已添加骨骼的，原先位于其他图层中的实例移动到其中。另外，"骨架"图层还自动创建了补间动画。

2．创建骨骼的操作

（1）将所有要链接成骨架的元件实例预先调整好大小，并排列好位置。

（2）使用任意变形工具调整好各个实例的中心点位置。

（3）单击"工具"面板中的骨骼工具，移动鼠标到舞台中，单击要成为骨架根部，即骨架中第一个的元件实例，然后按住鼠标左键拖动到第二个要连接起来的实例上，此时出现骨骼形状的箭头。

（4）释放开鼠标左键，并依此方法将所有要连接的实例均使用骨骼工具连接起来。

3．骨骼箭头

用骨骼工具链接起来的两个实例之间就会显示出实心的骨骼箭头，如图 8.23 所示。每个骨骼都有头部、圆端和尾部（尖端）三个部分。

4．骨架

使用骨骼工具将所有实例连接起来后，就会形成骨架，其中第一个骨骼是根骨骼，它显示为一个圆围绕骨骼头部。默认情况下，每个元件实例的中心点会移动到由每个骨骼连接构成的连接位置上。可以根据需要，创建线性连接或者分支结构的骨架，如任务 1 中"毛毛虫"的骨骼就是线性连接的骨架，如图 8.24 所示；而人体骨架却是分支结构的，如图 8.25 所示。

图 8.23 骨骼箭头

图 8.24 线性连接的骨架

图 8.25 分支结构的骨架

5．骨骼工具可以添加在实例或者形状上

（1）骨骼工具可以添加在实例上，每个实例只能具有一个骨骼。在向元件实例添加骨骼时，元件实例及其关联的骨架就移动到时间轴的新图层上，这个新图层即"骨架"图层。该图层按照生成的次序自动命名为"骨架_1"、"骨架_2"等。

（2）骨骼工具可以添加在形状上。使用骨骼工具，在形状内单击并拖动到形状内的其他位置上。在拖动时，将显示骨骼箭头，释放开鼠标左键后，在单击的点和释放鼠标的点之间也出现一个实心的骨骼箭头。每个骨骼也都具有头部、圆端和尾部。骨架中的第一块骨骼是根骨骼，它显示为一个圆围绕骨骼头部。添加了骨骼的形状此时也称为 IK 形状对象，如图 8.26 所示。

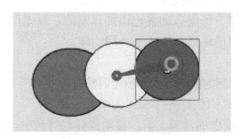

图 8.26　添加在形状上的骨骼

当形状添加了骨骼变为 IK 形状之后，它就无法再与其之外的其他形状合并了，也无法再向其添加新笔触；但是仍可以向形状的现有笔触添加控制点，或从中删除控制点。

在对具有多个形状的形状图形添加骨骼时，可以向单个形状的内部添加单个或者多个骨骼。该操作有以下两种方法。

第一种方法：先选择所有的形状，然后再将骨骼添加到所选的多个形状图形之上。此时只建立一个骨架，所以只形成一个姿势图层，如图 8.27 所示。

第二种方法：即未全选全部形状而逐一建立的骨架，此时就在两个形状之间建立一个骨骼连接，因而就会出现多个姿势图层，如图 8.28 所示。

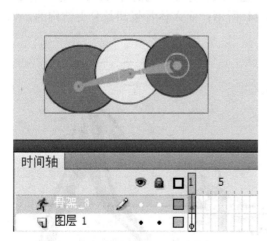

图 8.27　先全选所有形状再创建骨架

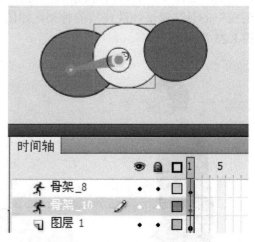

图 8.28　未全选而逐一创建骨架

8.2 项目2 操作进阶——"紧急出口提示"

8.2.1 操作说明

本项目主要是在项目 1 和知识点介绍的基础之上,讲述使用骨骼工具制作一个分支结构人物动作的骨骼运动效果,如图 8.29 所示。

图 8.29 "紧急出口提示"效果

8.2.2 操作步骤

1. 新建一个 Flash 文档,设置尺寸为"550 像素×500 像素",背景为"灰色"。

2. 分别新建 9 个图形元件,分别命名为"头"、"躯干"、"手臂 1"、"手臂 2"、"手臂 3"、"腿 1"、"腿 2"、"腿 3"和"鞋"。这 9 个图形元件如图 8.30~图 8.38 所示。

3. 新建"地板"图形元件,绘制一个长矩形,再使用线条工具绘制若干个小线条,效果如图 8.39 所示。

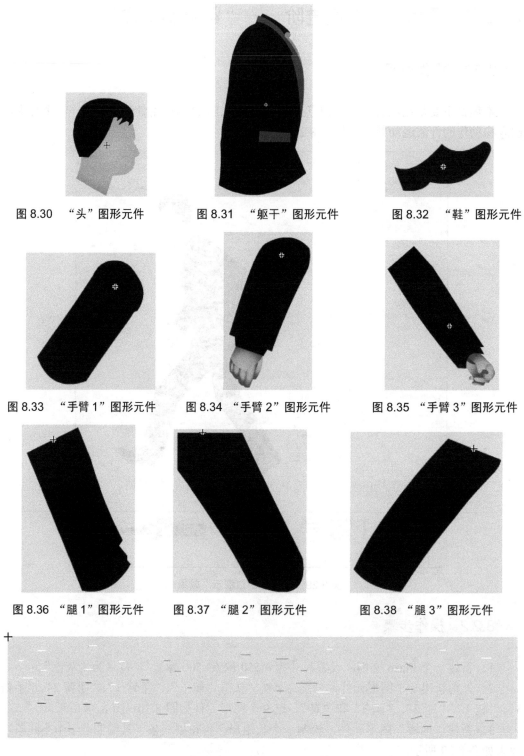

图 8.30　"头"图形元件　　　图 8.31　"躯干"图形元件　　　图 8.32　"鞋"图形元件

图 8.33　"手臂 1"图形元件　　图 8.34　"手臂 2"图形元件　　图 8.35　"手臂 3"图形元件

图 8.36　"腿 1"图形元件　　图 8.37　"腿 2"图形元件　　图 8.38　"腿 3"图形元件

图 8.39　"地板"图形元件

4. 新建"箭头"图形元件，绘制一个箭头形状，如图 8.40 所示。

5. 新建一个"移动的箭头"的影片剪辑元件，制作箭头向右移动的动画。即将库面板中的"箭头"图形元件拖入该影片剪辑元件的第 1 帧；选择第 10 帧，插入关键帧，向右移动该帧的箭头图形；选择第 1 帧，鼠标右击，选择"创建传统补间"。

6. 返回场景，选择图层 1 的第 1 帧，使用矩形工具在舞台的下方绘制一个白色矩形。

7. 使用文本工具，在图层 1 的第 1 帧输入文本"EXIT 紧急出口"。并将库中的"移动的箭头"影片剪辑元件拖入该帧，使其位于文字的右边，效果如图 8.41 所示。

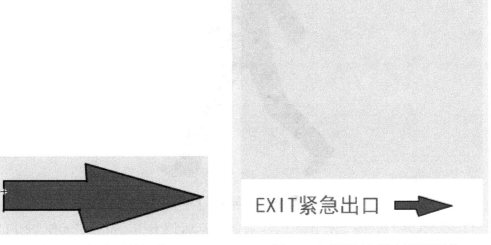

图 8.40　"箭头"图形元件　　　　　　　图 8.41　"图层 1"第 1 帧图形元件

8. 在图层 1 的上方新建一个图层 2，选择该图层的第 1 帧，将库中的"地板"图形元件拖入，调整其左边与舞台的左边缘对齐且比舞台长很多。

9. 选择图层 2 的第 45 帧，将"地板"图形元件向左移动，使其右边与舞台的右边缘对齐。返回选择该图层的第 1 帧，鼠标右击，选择"创建传统补间"。这样即制作地板从右向左水平移动的动画效果，如图 8.42 所示。

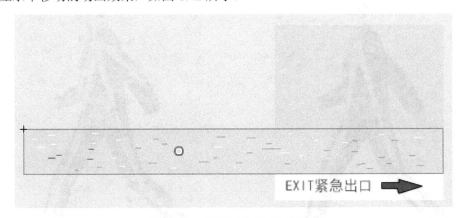

图 8.42　"图层 2"第 45 帧图形

10. 选择图层 1 和图层 2 的第 80 帧，插入关键帧。

11. 在图层 2 的上方新建一个图层 3，从"库"面板中将图形元件"头"、"躯干"、"手臂 1"、"手臂 2"、"手臂 3"、"腿 1"、"腿 2"、"腿 3"和"鞋"拖入，其中"腿 2"元件拖入两次，其余各拖入一次，组成人物形状，如图 8.43 所示。

图 8.43　图层 3 第 1 帧

12. 在"工具"面板中选择骨骼工具，将鼠标移动到舞台中，从"头"元件实例向"躯干"实例开始拖动，鼠标拖到"躯干"实例的实心点时释放，此时拖出一个骨骼箭头。接着从躯干元件实例到两边的大腿的实例的实心点上分别拖出两个骨骼链接。再从大腿的实例往小腿和鞋实例分别拖出骨骼连接，如图 8.44 所示。

13. 接着继续使用骨骼工具将躯干实例和手臂实例链接起来，最后形成一个具有分支结构的人体骨架，如图 8.45 所示。

图 8.44　从躯干到两边的腿实例拖出骨骼链接

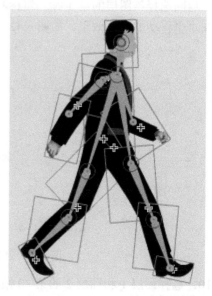

图 8.45　从躯干到手臂实例拖出骨骼链接

14. 此时图层 3 自动清空，自动在其上方出现图层"骨架_1"，且自动完成补间动画设置。将图层 3 删除。将图层"骨架_1"的结束帧调整至第 80 帧。

15. 将播放头分别移动到第 1 帧、第 12 帧、第 24 帧、第 36 帧、第 48 帧和第 60 帧，分别使用选择工具对舞台中的人体骨骼进行调整，使人物的双腿和双手交替摆动，制作人物向舞台右边跑步的姿势。第 12 帧、第 24 帧、第 36 帧、第 48 帧和第 60 帧的效果如图 8.46～图 8.51 所示。

16. 该项目制作完成，保存文件，命名为"紧急出口提示.fla"，测试影片。

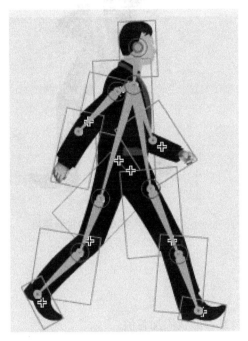

图 8.46　第 1 帧的骨骼姿势

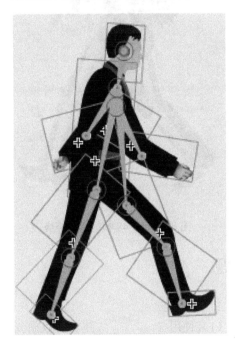

图 8.47　第 12 帧的骨骼姿势

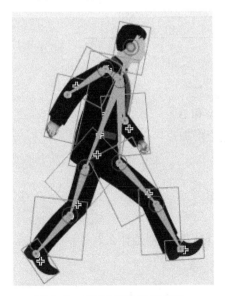

图 8.48　第 24 帧的骨骼姿势

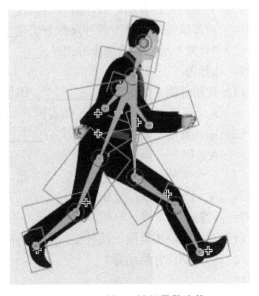

图 8.49　第 36 帧的骨骼姿势

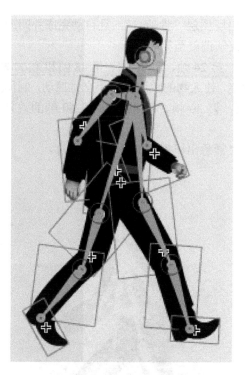

图 8.50　第 48 帧的骨骼姿势

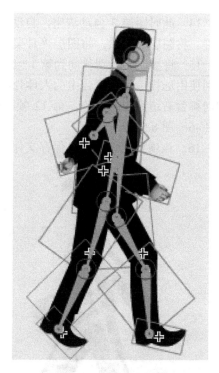

图 8.51　第 60 帧的骨骼姿势

习题

1．填空题

（1）使用＿＿＿＿＿＿工具可以向元件实例或者形状添加骨骼。

（2）骨骼箭头由＿＿＿＿＿＿、＿＿＿＿和＿＿＿＿三个部分组成。

（3）对实例创建骨骼之后，会自动创建生成＿＿＿＿＿图层。

（4）对形状添加骨骼的两种操作方法是＿＿＿＿＿和＿＿＿＿。

（5）"骨架"层默认的动画方式是＿＿＿＿。

2．选择题

（1）使用骨骼工具可以向＿＿＿＿添加骨骼。

　　A．形状　　　　　　B．元件实例　　　C．A 和 B

（2）添加骨骼之后，每个实例上有＿＿＿＿个附加点。

　　A．1　　　　　　　B．2　　　　　　C．3　　　　　D．无数

（3）一个实例可以添加＿＿＿＿个骨骼。

　　A．1　　　　　　　B．2　　　　　　C．多　　　　　D．0

3．问答题

（1）对形状添加骨骼的两种操作方法是什么，它们的区别是什么？

（2）如何制作骨骼动画？

实训十 骨骼动画制作

一、实训目的

掌握骨骼工具的使用和骨骼动画的制作。

二、操作内容

1. 使用骨骼工具制作动画"跳舞的小孩",其效果如图 8.52 所示。

图 8.52 "跳舞的小孩"效果

操作提示:

(1) 新建一个文档。导入素材图片"头"、"躯干"、"四肢"、"脚"等。

(2) 将各个图片转换为图形元件。

(3) 将各个图形元件拖入舞台,使其位于同一图层中,调整各个元件实例,组成一个人物形状。

(4) 使用骨骼工具建立人体骨架。

(5) 将"骨骼"图层的结束帧拖动到第 50 帧。

(6) 分别将播放头拖动到该图层的第 10、20、30、40 和 50 帧,使用选择工具调整各个关键帧中人物的骨骼姿势,制作小孩跳舞的动画效果。

(7) 制作完成,保存文档,测试影片。

2. 使用骨骼工具制作动画"大力士",如图 8.53 所示。

图 8.53 "大力士"效果

操作提示：

（1）新建文档。

（2）新建"头"、"躯干"、"上臂"、"前臂"和"手"图形元件。

（3）返回场景，将"头"、"躯干"、"上臂"、"前臂"和"手"图形元件拖入图层 1 的第 1 帧，使用骨骼工具将这些元件连接起来。

（4）将自动生成的"骨骼"图层的结束帧拖动到 80 帧。

（5）分别将播放头拖动到第 1、10、20 帧，使用选择工具调整手臂的形状，制作大力士秀肌肉的动画效果。

第**9**章

多媒体影片的合成

　　学习到上一章为止，可以制作出精彩的动画作品，但是还没实现"声情并茂"的效果。本章主要介绍在 Flash 中导入声音和视频，制作多媒体的影片效果。但是，由于 Flash 并不是专业的音频和视频处理工具，所以对音频和视频的处理也比较有限和简单。

ⅢＭ 9.1　项目 1　制作多媒体影片"配音版扣篮"

　　我们可以将预先准备好的声音文件或者视频文件添加到 Flash 动画影片中，从而带来并增加多媒体的视觉和听觉效果。本项目是在动画作品中加入声音，以实现多媒体的影片效果。本项目由下面的两个任务组成，其效果如图 9.1 所示，

图 9.1　"项目 1_配音版扣篮"效果

9.1.1 任务 1：导入声音文件进行配音

一、任务说明

声音是多媒体效果表现手法的一种重要工具，动画画面再加上适当的背景音乐可以带来更好的效果。在 Flash 动画中添加声音的操作和图片导入的操作基本是一样的，也是通过"导入"的方法，将声音文件加入到 Flash 文档中，然后再添加到关键帧中的。本任务就是为制作好的动画影片添加声音，增强效果。

二、任务步骤

1．打开在第 4 章中制作的文档"项目 1_扣篮.fla"。

2．在图层 3 的上方新建一个图层，命名为"声音"。

3．选择"声音"图层的第 30 帧，插入关键帧。选择菜单项"窗口"/"公共库"/"声音"，打开"外部库"面板，如图 9.2 所示。

4．在"外部库"列表中选择"Human Crowd Footsteps Running"，并将其拖入图层 3 的第 30 帧的舞台。

5．选择图层 3 的第 30 帧，在其"属性"面板的"声音"栏中设置"同步"为"数据流"，如图 9.3 所示。单击"效果"后的"编辑声音封套"按钮，就可以打开"编辑封套"对话框，如图 9.4 所示。

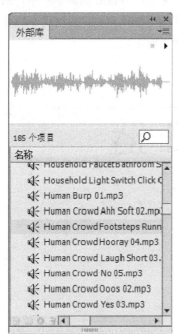

图 9.2 "外部库"面板

图 9.3 设置"同步"为"数据流"

6．在"编辑封套"对话框中，将声音的结束帧调整到第 90 帧，分别在左、右声道增加滑块，并分别将声音滑块向下调 0 整，如图 9.5 所示。

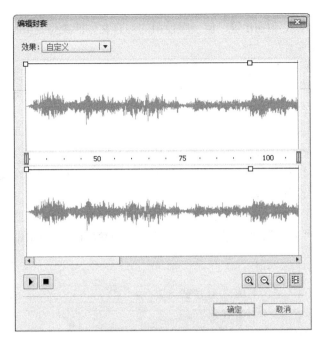

图 9.4　"编辑封套"对话框

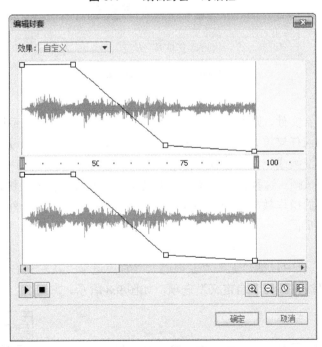

图 9.5　调整滑块

7．单击"确定"按钮，该任务制作完毕，保存文件。测试影片效果。

三、技术支持

1．在 Flash 动画作品中可以导入的声音文件的类型

将声音文件添加到作品中，可以采用与"导入"图片文件相同的方法。可以使用的声音

文件的类型有mp3、wav和aiff等，但一般使用的声音文件的类型是mp3和wav格式。

2．添加声音的操作

声音文件的导入有以下两种方法。

第一种方法：单击菜单项"文件"/"导入"/"导入到库"，先将声音文件导入到库，然后再从库中将声音拖入关键帧或空白关键帧中。

第二种方法：单击菜单项"文件"/"导入"/"导入到舞台"，同样也可以导入声音，但是此时导入的声音不会出现在舞台上，而是出现在库中。

Flash可以使用共享库中的声音，从而将声音从一个库链接到多个文档。

3．声音属性的设置

将声音添加到作品后，常常需要设置声音的属性对导入的声音进行设置。在"声音"属性面板中主要有"名称"、"效果"和"同步"三个参数内容，如图9.6所示。

图9.6　"声音"属性面板

（1）名称

如果添加了声音文件，则"声音"的下拉菜单中就会显示当前已添加入的全部声音文件名；如果没有导入任何声音文件，则该下拉菜单中只有一个选项"无"。

选中某一个关键帧或空白关键帧，再单击选择"名称"列表中的声音文件名，该声音文件就被添加到了该帧。这种方法与先选取中某个关键帧或者空白关键，然后从"库"面板中拖入声音文件的操作效果相同。添加声音到关键帧上后，"帧"面板就会出现声音的波形图，如图9.7所示。

（2）效果

"效果"下拉列表中包括"无"、"左声道"、"右声道"、"从左到右淡出"、"从右到左淡出"、"淡入"、"淡出"与"自定义"选项，如图9.8所示。

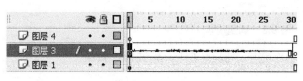

图9.7　添加声音后的"帧"面板

图9.8　"效果"下拉列表

① 无：不对声音文件应用效果。如果选择该选项，则删除以前应用过的效果。

② 左声道、右声道：只在左声道或右声道中播放声音。

③ 从左到右淡出、从右到左淡出：声音从一个声道切换到另一个声道。

④ 淡入、淡出：声音在持续的时间内逐渐增加、减小幅度。

⑤ 自定义：可以使用"编辑封套"创建声音的淡入和淡出点。

（3）同步

"同步"可以设置声音的同步方式和播放次数，其下拉选项中有"事件"、"开始"、"停止"和"数据流" 4 种同步方式。

① 事件：选择该选项，会将声音和一个事件的发生同步起来。事件声音在其关键帧出现时开始播放，并独立于时间轴完整播放。即使动画已经停止播放了，声音也还会照样持续，直到播放完毕。如果事件声音需要相当长的时间来载入，影片就会在相应的关键帧处停下来，等到事件声音完全载入为止。它属于事件驱动式声音，比较适合于背景音乐或者一些不需要同步的影片音乐。例如，下例是应用"事件"为一个按钮元件添加声音，具体操作步骤如下所述。

a. 新建一个 Flash 文档。

b. 新建一个图形元件，命名为"听筒"，在该元件中使用绘图工具，绘制一个听筒图形，如图 9.9 所示。

c. 新建一个图形元件，命名为"机座"，在该元件中使用绘图工具，绘制一个电话机座图形，如图 9.10 所示。

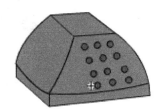

图 9.9 "听筒"图形元件　　　　　图 9.10 "机座"图形元件

d. 新建一个影片剪辑元件，命名为"电话响铃"，在该元件窗口的图层 1 的第 1 帧中，将"库"面板中的"机座"图形元件拖入。选择图层 1 的第 20 帧，插入帧。

e. 在"电话响铃"元件的图层 1 上方新建图层 2，选择该图层的第 1 帧，将"库"面板中的"听筒"拖入，如图 9.11 所示。

f. 选择该影片剪辑元件图层 2 的第 5 帧、第 10 帧、第 15 帧、第 20 帧插入关键帧。将第 5 帧和第 15 帧中的"听筒"图形逆时针旋转一点，如图 9.12 所示。

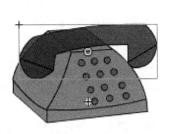
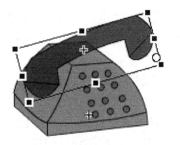

图 9.11 图层 2 的第 1、10、20 帧　　　图 9.12 图层 2 的第 5、15 帧

g．新建一个按钮元件，命名为"电话"，将"库"面板中的"听筒"和"座机"图形元件拖入图层1的"弹起"帧，并调整它们的位置和大小，如图9.13所示。

h．选择该按钮元件的"指针"帧，插入关键帧，将"库"面板中的影片剪辑元件"电话响铃"元件拖入图层1的"指针"帧，如图9.14所示。。

i．选择"弹起"帧，将其复制到"按下"帧。且调整该帧中的"听筒"位置，如图9.15所示。

图9.13　按钮元件的"弹起"帧　　　　图9.14　按钮元件的"指针"帧

图9.15　按钮元件的"按下"帧

j．单击菜单项"文件"/"导入"/"导入到库"，将"素材"文件中的"电话铃声.mp3"声音文件导入到库。

k．在按钮元件"电话"图层1的上方新建一个图层，命名为"图层2"。

l．选择图层2的"指针"帧，插入关键帧。将"库"面板中的"电话铃声.mp3"声音文件拖入舞台。

m．选择图层2的"指针"帧，在其"属性"面板的"声音"栏中设置"同步"方式为"事件"；单击"编辑声音封套"按钮，打开"编辑封套"对话框，如图9.16所示。在其中将结束帧滑块设置在第16帧的位置。

n．返回到场景，将制作好的按钮元件"电话"拖入舞台。保存文档，测试影片。

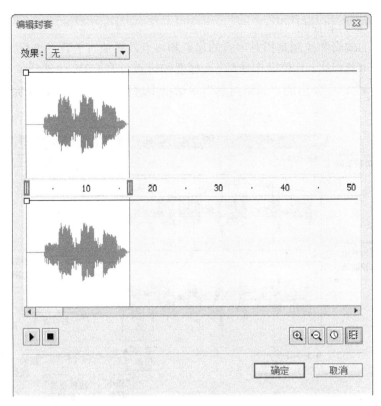

图 9.16　"编辑封套"对话框

② 开始：开始模式和事件模式的声音相似。但有所不同的是，如果一个声音被设置为开始模式，则当该声音开始播放时，新声音实例是不会播放的。这种模式适合应用在按钮上。

③ 停止：如果选择该模式，则声音停止播放。它也是属于事件驱动式的声音模式，即当事件发生时，声音停止播放，如下例：

a. 打开前面制作完成的有声音效果的文档"项目 1_配音版扣篮.fla"。

b. 选择其中"声音"图层的第 30 帧。在其"属性"面板中，设置"同步"方式为"停止"。

c. 单击菜单项"控制"/"测试影片"，对作品进行测试。发现此时虽然导入声音，但却为静音，即没有声音效果。

④ 数据流：该模式的声音是锁定时间轴，当使用该模式的声音时，Flash 播放器会尽力使声音与视频同步。如果动画较长或者机器运行较慢，Flash 就会跳过一些帧来使动画与声音同步，即强制动画与声音同步。与事件模式的声音不同，该模式的声音随着动画文件播放停止而停止，所以它比较适用于网页中的动画声音效果。

总之，"同步"就是精确地匹配声音和相关画面。除了上面所介绍的四种模式之外，还可以使用动作脚本（ActionScript）中提供的命令来制作更为完美的效果。

（4）重复。可以设置声音"属性"面板中"重复"的参数，来指定声音循环的次数。但是如果设置为循环播放，帧就会添加到文件中，这样文件的大小就会随着循环播放的次数而倍增。

4．声音的编辑和控制

此处声音的编辑和控制是指对声音的起点和终点及播放时的音量进行定义，而不能与专业的声音编辑器相比。具体操作是，先选择要编辑声音的关键帧，然后单击声音"属性"面板中的按钮 ✐，在弹出的"编辑封套"对话框中进行相应的设置即可完成。该对话框如图 9.17 所示。

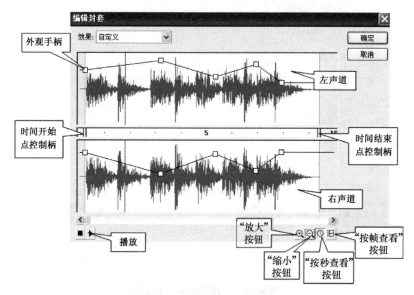

图 9.17　"编辑封套"对话框

（1）时间开始点控制柄和时间结束点控制柄。这两个点分别可以改变声音的起始点和终止点。具体操作是：单击并拖动两个声道之间水平带内的时间开始点控制柄，声音将从所拖到的地方开始播放，而不从原来默认的声音起始点开始播放；另外，单击拖动两个声道之间水平带内的结束控制点，声音将从所拖到的地方结束，而不从原来默认的结束点结束。这样就可以定义声音和限制声音播放的部分，应用同一个声音的不同部分实现不同的效果。

（2）外观手柄。拖动外观手柄可以改变声音在播放时的音量。可以通过添加外观控制柄来实现音量的不同效果，如淡入、淡出、放低音量、从左声道过渡到右声道等。添加外观手柄的操作：用鼠标单击声音控制线，此时声音波形上就会出现一个空心的小方块，这个空心的小方块就是外观控制手柄，每单击一次就添加一个控制点，然后再用鼠标拖动这些外观控制手柄就可以调整音量了。如果直接使用鼠标将控制手柄拖出对话框，则可以删除该控制手柄。

（3）"缩小"、"放大"按钮。通过单击"缩小"、"放大"按钮可以调整对话框中的声音波形图缩小或者放大的模式显示。缩小显示时可以浏览声音波形图的全貌，放大显示时便于对声音波形图进行微调。

（4）"按帧查看"、"按秒查看"按钮。单击这两个按钮可以转换对话框中央标尺的显示单位。如果要计算声音播放的时间，可以单击"按秒查看"按钮，使标尺以"秒"为单位。如果要在屏幕上将可视元素与声音同步，则最好单击"按帧查看"按钮，使标尺以"帧"为单位。

（5）如果对声音的编辑都操作完毕，可以单击对话框左下方的"播放"按钮，对编辑后的声音进行测试，直到满意为止，最后单击"确定"按钮，退出该对话框。

⫸ 9.1 项目2 制作多媒体"片头广告"

在 Flash CS6 中可以导入视频文件。视频文件的类型是 FLV 和 F4V，其中 FLV 类型的视频文件是当前网页视频的主流格式。视频文件的导入操作：先单击菜单项"文件"/"导入"/"导入视频"，然后根据向导步骤的提示逐步完成。

9.2.1 任务1：导入视频和声音文件

一、任务说明

单击菜单项"文件"/"导入"/"导入视频"可以导入视频文件，本任务是在文档中导入视频，再为视频和其中的动画配上适当的音乐，使作品更具吸引力。制作完成后的效果如图 9.18 所示。

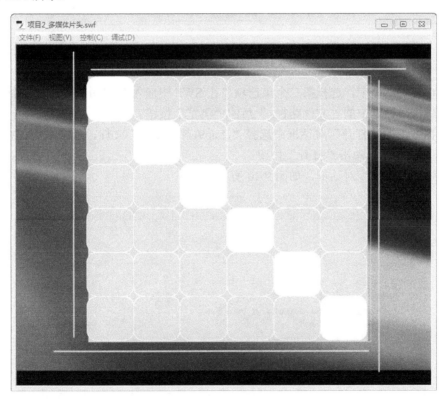

图 9.18 任务1"片头广告"效果

二、任务步骤

1. 新建一个 Flash 文档，设置舞台的尺寸为 720 像素×576 像素，其余参数默认。

2. 单击菜单项"文件"/"导入"/"导入视频"，在打开的"chap9/素材文件"文件夹中选择准备好的视频文件"背景.flv"。

3. 此时弹出导入视频操作向导步骤的第 1 步对话框，如图 9.19 所示。

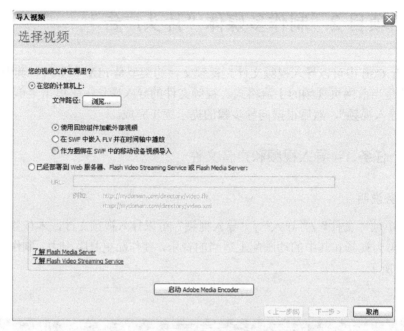

图 9.19　导入视频操作向导步骤的第 1 步对话框

4．在该对话框中，选择第二个单选项"在 SWF 中嵌入 FLV 并在时间轴中播放"。

5．单击对话框中的"文件路径："后的"浏览"按钮。

6．在弹出的"打开"对话框中选择"chap9\素材文件"文件，选择其中的视频文件"背景.flv"文件，再单击"打开"按钮。

7．返回到第 1 步对话框，如图 9.20 所示。

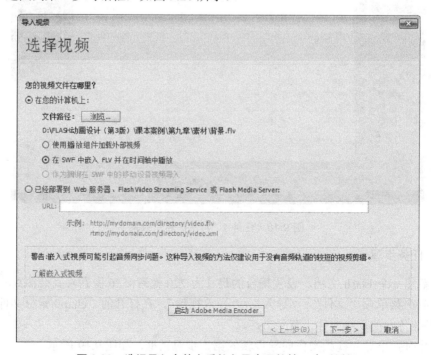

图 9.20　选择导入文件之后的向导步骤的第 1 步对话框

8. 单击该对话框中的"下一步"按钮。出现第 2 步对话框，如图 9.21 所示。

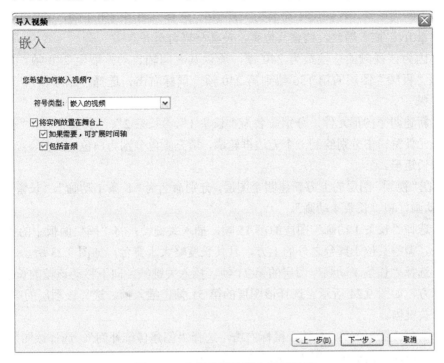

图 9.21　向导步骤的第 2 步对话框

9. 将"将实例放置在舞台上"勾选取消。单击"下一步"按钮。弹出向导步骤的最后一步对话框，如图 9.22 所示。

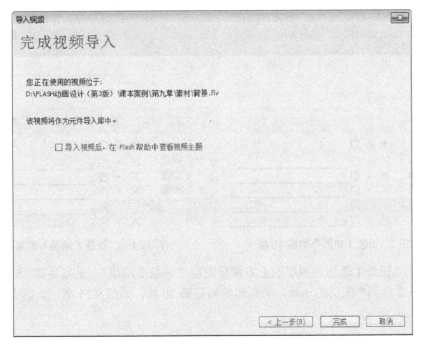

图 9.22　向导步骤的最后一步对话框

10．单击该对话框中的"完成"按钮。就将该视频文件导入到库中了。

11．返回到场景，将图层 1 命名为"视频"。选择该图层的第 1 帧，从库中将导入的视频"背景.flv"拖入舞台。调整其位置，使其与舞台对齐。

12．因为该视频的总帧数为 240 帧，所以其时间轴自动扩展至 240 帧。用鼠标拖动选择该"视频"图层的第 156 帧到第 240 帧，鼠标右击，选择"删除帧"，即该图层只有 155 帧。

13．新建四个图形元件，分别命名为"长条 1"、"长条 2"、"长条 3"和"长条 4"。在这四个元件窗口中分别绘制一个无边框轮廓，填充颜色分别为白色、浅灰、灰和深灰四种颜色的长矩形。

14．在"视频"图层的上方新建四个图层，分别命名为"长条 1 动画"、"长条 2 动画"、"长条 3 动画"和"长条 4 动画"。

15．选择"长条 1 动画"图层的第 15 帧，插入关键帧；将"库"面板中的"长条 1"元件拖入，调整其位于舞台之外的上方，且其长度略大于舞台，如图 9.23 所示。

16．选择"长条 1 动画"图层的第 21 帧，插入关键帧。向下移动该帧的长条形状到舞台的下方，如图 9.24 所示。选择该图层的第 51 帧，插入帧。选择该图层的第 52 帧，插入空白关键帧。

17．选择该图层的第 15 帧，鼠标右击，选择"创建传统补间"。选择该图层的第 15 帧，在其"属性"面板中设置"缓动"参数为-100。

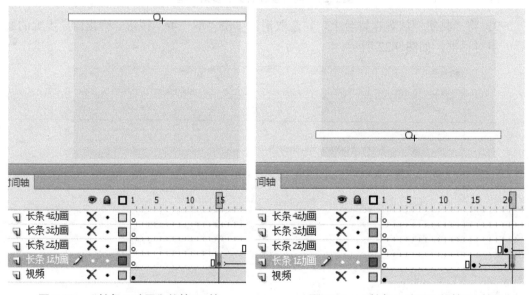

图 9.23 "长条 1 动画"的第 15 帧　　　图 9.24 "长条 1 动画"的第 21 帧

18．在"长条 1 动画"图层的上方新建图层"长条 2 动画"，重复步骤 15～步骤 17，完成"长条 2 动画"图层的动画，动画起始帧是第 20 帧，如图 9.25 所示。结束帧是第 26 帧，如图 9.26 所示。

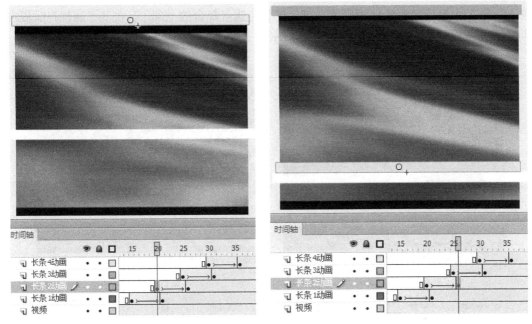

图 9.25　"长条 2 动画"的第 20 帧　　　　图 9.26　"长条 2 动画"的第 26 帧

19．在"长条 2 动画"图层的上方新建图层"长条 3 动画"，重复步骤 15～步骤 17，完成"长条 3 动画"图层的动画，动画起始帧是第 25 帧，如图 9.27 所示。结束帧是第 31 帧，如图 9.28 所示。

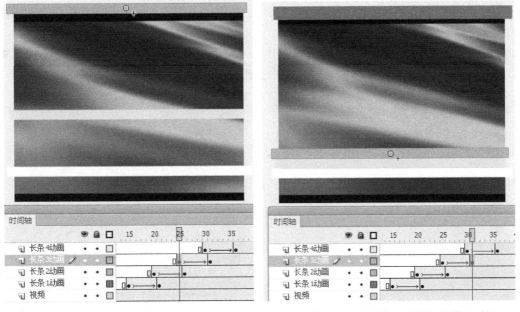

图 9.27　"长条 3 动画"的第 25 帧　　　　图 9.28　"长条 3 动画"的第 31 帧

20．在"长条 3 动画"图层的上方新建图层"长条 4 动画"，重复步骤 15～步骤 17，完成"长条 4 动画"图层的动画，动画起始帧是第 30 帧，如图 9.29 所示。结束帧是第 36

帧，在该帧中纵向放大长条矩形的高度，使其能遮盖舞台的上部，且在其"属性"面板中将 Alpha 值设置为 70%，效果如图 9.30 所示。

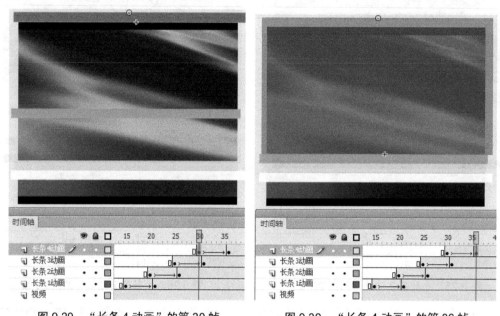

图 9.29　"长条 4 动画"的第 30 帧　　　　图 9.30　"长条 4 动画"的第 36 帧

21．选择"长条 1 动画"、"长条 2 动画"、"长条 3 动画"和"长条 4 动画"这四个图层的第 60 帧，插入空白关键。

22．新建图形元件，命名为"圆角矩形"。在图层 1 的第 1 帧，绘制黄色矩形和周围的线条，如图 9.31 所示。

23．在图层 1 的上方新建图层 2，在其第 1 帧使用基本矩形工具绘制 36 个小圆角矩形，如图 9.32 所示。在第 27 帧，插入空白关键帧。

图 9.31　图层 1 的第 1 帧　　　　图 9.32　图层 2 的第 1 帧

24．选择图层 2 的第 4 帧、第 8 帧、第 12 帧、第 16 帧、第 20 帧和第 24 帧，分别将其中的圆角矩形设置为白色；选择第 27 帧，插入空白关键帧，如图 9.33～图 9.38 所示。

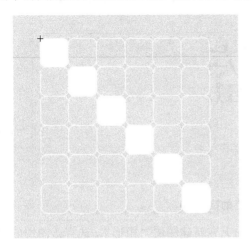

图 9.33 图层 2 的第 4 帧

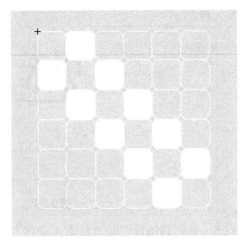

图 9.34 图层 2 的第 8 帧

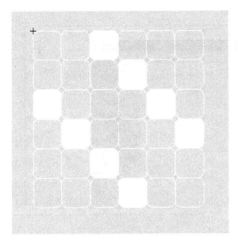

图 9.35 图层 2 的第 12 帧

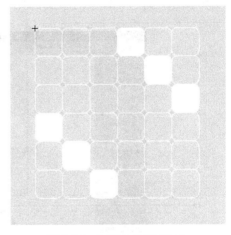

图 9.36 图层 2 的第 16 帧

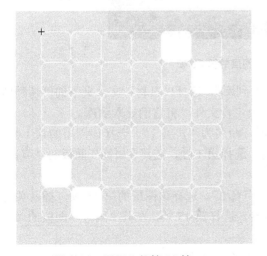

图 9.37 图层 2 的第 20 帧

图 9.38 图层 2 的第 24 帧

25．在图层2上方新建图层3，在该图层的第28帧，输入文本"魅蓝洗衣液"。效果如图9.39所示。

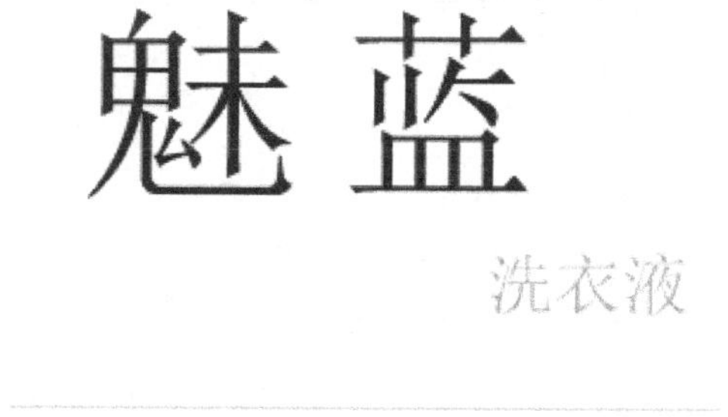

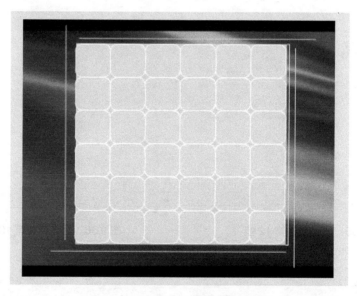

魅 蓝

洗衣液

图 9.39　"图层3"的第28帧

26．返回到场景，在"长条4动画"图层的上方新建图层"矩形"。选择该图层的第60帧，将"库"面板中的图形元件"圆角矩形"拖入，调整其在舞台中的位置和大小，如图9.40所示。选择该图层的第155帧，插入帧。

图 9.40　"矩形"图层的第60帧

27．单击菜单项"文件"/"导入"/"导入到库"，选择"素材"文件夹下的"超酷地带.wav"、"滑过1.mp3"和"滑过2.mp3"三个声音文件，将它们导入到库。

28．在"矩形"图层的上方新建一个图层，命名为"声音1"。选择该图层的第1帧，将"库"面板中的"超酷地带.wav"拖入舞台。选择第1帧，在其"属性"面板的"声音"栏中设置"同步"方式为"数据流"。

29．在"声音1"图层的上方新建图层"声音2"。选择该图层的第15帧，插入关键帧。将"库"面板中的"滑过1.mp3"拖入舞台。选择第15帧，在其"属性"面板的"声音"栏中设置"同步"方式为"数据流"。

30．选择"声音2"图层的第15帧，将该帧复制到第20、25、30、90和95帧。

31．选择"声音2"图层的第63帧，插入关键帧。将"库"面板的"滑过2.mp3"拖入舞台。选择第63帧，在其"属性"面板的"声音"栏中设置"同步"方式为"数据流"。

32．选择"声音2"图层的第63帧，将该帧复制到第67、71、75、79和83帧。

33．制作完成之后，其"时间轴"面板如图9.41所示。

34．本项目制作完成，保存文档，测试影片。

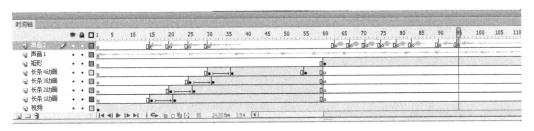

图 9.41　"时间轴"面板

三、技术支持

1．可以导入的视频文件的类型有 mov（QuickTime 6.5 影片）、avi（音频视频交叉文件）、mpg/mpeg（运动图像专家组文件）、dv/dvi（数字视频文件）及 asf、flv 等文件。但是，要求系统预先安装 QuickTime 6.5 和 Directx 9.0c 及以上的版本。

2．视频文件的导入操作有三种：使用播放组件加载外部视频、在 SWF 中嵌入 FLV 并在时间轴中播放、作为捆绑在 SWF 中的移动设备视频导入。其中，主要应用前两种。

第一种：采用"使用播放组件加载外部视频"方式导入视频并在舞台中播放。

（1）单击菜单项"文件"/"导入"/"导入视频"后，弹出导入视频向导步骤的第 1 步对话框，如图 9.42 所示。

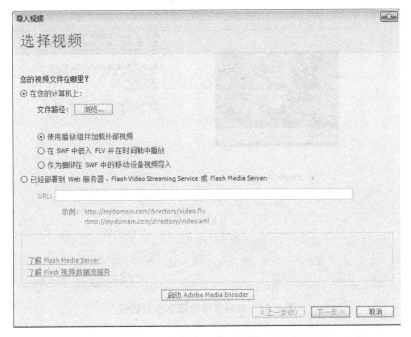

图 9.42　导入视频向导步骤的第 1 步对话框

（2）在该对话框中单击"浏览"按钮，在弹出的"打开"对话框中选择要导入的.flv 视频文件，单击"打开"按钮，如图 9.43 所示。

图 9.43　导入的.flv 视频文件

（3）返回到向导步骤的第 1 步对话框，单击其中的"下一步"按钮。

（4）弹出向导步骤的第 2 步对话框，如图 9.44 所示。

图 9.44　向导步骤的第 2 步对话框

（5）在该对话框中选择"外观"和颜色，然后单击"下一步"按钮。弹出向导步骤的最后一个对话框，如图 9.45 所示。

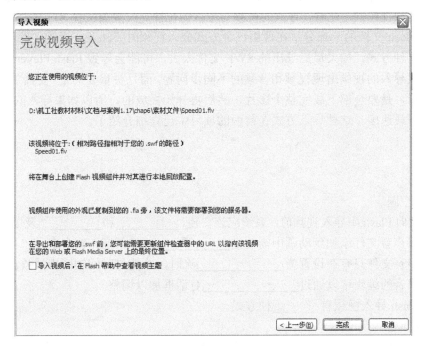

图 9.45 向导步骤的最后一个对话框

（6）单击其中的"完成"按钮。发现该视频导入到舞台和库中。

（7）使用任意变形工具调整舞台中的视频的大小为合适状态，如图 9.46 所示。

图 9.46 调整舞台中的视频大小为合适状态

（8）这样完成将该视频文件导入到 Flash 影片中。保存文件，测试文件。

第二种：采用"在 SWF 中嵌入 FLV 并在时间轴中播放"方式导入视频并在舞台中播放。

使用该方式导入视频是嵌入视频，即将视频放置在时间轴中，可以查看在时间轴的帧中表示的单独视频帧。此时，导入的视频与导入的位图、矢量图文件等一样；导入的视频文件成为 Flash 文档的一部分。在使用该种方式嵌入视频时要注意，视频文件不宜太长。因为使用这种方式，如果最后导出的 SWF 文件太大，可能会导致 Flash Player 播放失败。还容易导致导入的视频出现视频和音频的不同步问题。而且更重要的是，要播放嵌入 SWF 文件的影片，是要全部下载完整个影片，然后再开始播放的，所以如果导入的视频太大，还会影响下载速度。这种导入方式在前面的项目中已详细介绍了。

习题

1．填空题

（1）在向 Flash 中导入视频前，系统应该安装_____和_____及以上的版本。

（2）将声音文件添加到动画中需要先_____，再拖入舞台中。

（3）声音文件只有在设置为_____流时，才能与时间轴同步播放。

（4）声音的编辑可以通过_____对话框加以调整。

（5）Flash 导入视频有_____种方式。

2．选择题

（1）不可以导入 Flash 动画中的视频格式是_____。

    A．avi   B．mpeg   C．rm   D．asf

（2）声音文件添加到动画中后，可以通过_____查看。

    A．帧中波形   B．舞台   C．影片剪辑   D．按钮

（3）声音的同步方式有_____。

    A．开始   B．数据流   C．停止   D．事件

（4）使用声音的"事件"同步方式，动画结束播放时，声音_____。

    A．停止播放   B．还在播放   C．不一定

（5）下面的说法正确的是_____。

    A．声音只能导入在关键帧上   B．声音只能导入在空白关键帧上

    C．声音只能导入在关键帧和空白关键帧上   D．声音只能导入在普通帧上

3．思考题

声音"事件"、"开始"、"停止"和"数据流"4 种同步方式的不同点和相同点各是什么？

实训十一　多媒体影片的制作

一、实训目的

掌握声音文件和视频文件的导入和添加操作。

二、操作内容

1．为第 5 章中的"项目 2_荷塘戏鱼"制作背景配音。

（1）打开第 5 章中的"项目 2_荷塘戏鱼"。

（2）导入声音文件"水声.mp3"到库中。

（3）新建一个图层，将库中的声音文件"水声.mp3"拖入该图层的第1帧。

（4）打开其"属性"面板，设置"同步"方式为"数据流"。

2．导入视频制作多媒体广告，如图9.47所示。

（1）新建一个文档，尺寸设置为550像素×400像素，帧频为24。

（2）导入制作该影片需要的视频文件"礼物.flv"（选择"使用播放组件加载外部视频"方式将其导入到库）；导入制作该影片需要的声音文件"新春乐.mp3"。

（3）在图层1的第1帧，将该视频拖入。

（4）插入一个影片剪辑元件"送礼来了"，制作一个从喇叭中逐字飞出"送礼来了"的动画片断。

（5）在图层1的上方新建"图层2"，将影片剪辑元件"送礼来了"拖入该图层的第1帧。

（6）在图层2的上方新建一个"图层3"，将"新春乐.mp3"声音拖入该图层的第1帧。

图9.47 多媒体广告

第 **10** 章

行　为

使用行为，用户无须自己动手编写 ActionScript 脚本，就可以给 Flash 文档添加功能强大的动作脚本代码，从而给 Flash 内容（如文本、电影剪辑、按钮、图像、声音等）添加交互性效果。

10.1　项目 1　制作"小甲虫的世界"

行为是系统预先编写好的 ActionScript 动作脚本，用户可以直接加以使用来实现一系列的功能。用户在使用行为时，无须手动编写 ActionScript 动作脚本，只要在对象上应用行为，即可实现相应的交互性效果。本项目由下面四个任务组成，其效果如图 10.1 所示。

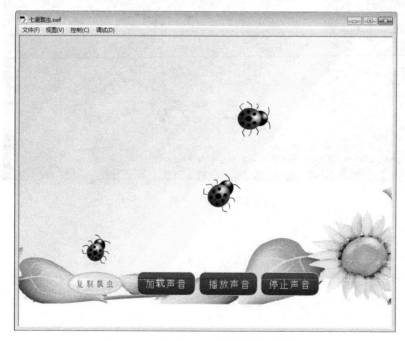

图 10.1　"项目 1_小甲虫的世界"效果

10.1.1　任务 1：加载图像

一、任务说明

本任务是使用行为将存放在影片文件外部的图像文件加载到影片中，其效果如图 10.2 所示。

图 10.2　加载外部图像

二、任务步骤

1．新建一个 Flash 文档文件，保存文件，命名为"项目 1_小甲虫的世界.fla"。注意：保存影片文档时，必须与要加载的外部图像文件"背景.jpg"在同一路径中。

2．新建一个影片剪辑元件"背景"，在其编辑窗口，使用矩形工具绘制一个任意颜色的矩形。

3．返回场景，将影片剪辑元件"背景"拖入图层 1 的第 1 帧。

4．调整舞台中的矩形实例的大小和舞台一样，且刚好平铺舞台。

5．选中舞台中的矩形实例，在其"属性"面板中设置实例名称为"a"，如图 10.3 所示。

6．选中图层 1 的第 1 帧，单击菜单项"窗口"/"行为"，打开"行为"面板，如图 10.4 所示。

图 10.3 设置实例名称为"a"　　　　　　　　图 10.4　"行为"面板

7．单击"行为"面板中的"添加行为"按钮，在弹出的菜单中选择"影片剪辑"/"加载图像"，如图 10.5 所示。

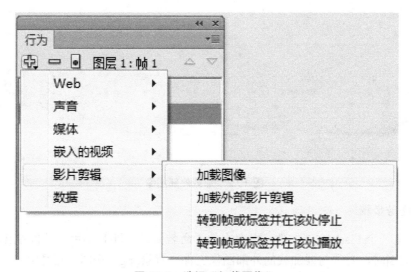

图 10.5　选择"加载图像"

8．在弹出的"加载图像"对话框的"输入要加载的.JPG 文件的 URL"下的文本框中输入要加载图像的完整的 URL，因为本文档与要加载的图像文件在相同的路径下，此处就使用相对路径表示；在"选择要将该图像载入到哪个影片剪辑"下的列表中选择"a"，如图 10.6 所示。添加行为后的"行为"面板如图 10.7 所示。

9．保存文档，测试影片。

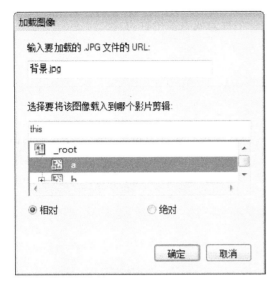

图 10.6 "加载图像"对话框的参数

图 10.7 设置后的"行为"面板

三、技术支持

1. "行为"面板的操作。单击菜单项"窗口"/"行为"可以打开和关闭"行为"面板；单击面板右上方的"关闭"按钮也可以关闭"行为"面板。"行为"面板如图 10.8 所示。它包括两列内容，左边显示的是"事件"，右边显示的是"动作"。

图 10.8 "行为"面板

单击"行为"面板左上角的小三角可以折叠和展开面板。该面板上方有一排功能按钮，主要功能介绍如下。

① "添加行为"按钮 ⊞。单击这个按钮可以弹出一个包括很多行为的下拉菜单，在下拉菜单中可以选择需要添加的具体行为。

② "删除行为"按钮 ▭。选择要删除的行为，单击该按钮可以将其删除。

③ "上移"按钮 ▲。选择要删除的行为，单击该按钮可以将选中的行为向上移动。

④ "下移"按钮 ▼。选择要删除的行为，单击该按钮可以将选中的行为向下移动。

2. 行为除了可以像在本任务中一样是添加在关键帧中的外，还可以是添加在按钮或影片剪辑实例上的，而且一个对象上可以添加一个行为或者多个行为。

10.1.2 任务 2：拖动瓢虫

一、任务说明

行为可以添加在按钮或影片剪辑实例之上，本任务是对影片剪辑实例添加行为来制作"拖动瓢虫"的效果，如图 10.9 所示。

图 10.9 拖动"瓢虫"

二、任务步骤

1．打开在任务 1 中制作完成的文档"项目 1_小甲虫的世界.fla"。

2．新建一个影片剪辑元件，命名为"瓢虫"，进入其编辑窗口，绘制一个"瓢虫"图形，如图 10.10 所示。

3．在图层 1 的上方新建一个图层 2，将"库"面板中的"瓢虫"影片剪辑元件拖入第 1 帧的舞台。

4．选中舞台中的瓢虫实例，在其"属性"面板中设置实例名称为"b"，如图 10.11 所示。接着在打开的"行为"面板中选择菜单项"影片剪辑"/"开始拖动影片剪辑"。打开"开始拖动影片剪辑"对话框。在其中选择"b"，如图 10.12 所示。

图 10.10 "瓢虫"图形

图 10.11 "瓢虫"影片剪辑元件

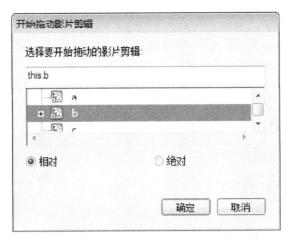

图 10.12　"开始拖动影片剪辑"对话框

5. 设置完成后的"行为"面板如图 10.13 所示。单击其中"释放时"后的黑色三角形按钮，在弹出的菜单中选择"按下时"。

6. 再次单击"添加行为"行为按钮，在弹出的菜单中选择菜单项"影片剪辑"/"停止拖动影片剪辑"。

7. 设置完成后的"行为"面板如图 10.14 所示。

8. 本任务制作完成，保存文档，测试影片。

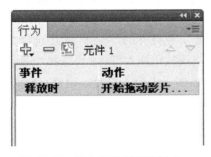

图 10.13　添加行为后的面板 1

图 10.14　添加行为后的面板 2

三、技术支持

1. 在"行为"面板中单击"添加行为"按钮，在弹出的菜单根据不同的选择对象，其内容也不同。

2. 更改事件类型。一般在定义按钮、影片剪辑的行为时，系统默认的事件类型是"释放时"，如果想更改事件类型，则可以单击"事件"，其右边出现一个黑色三角形，再单击该三角形按钮，则弹出事件类型的菜单，可以在其中选择想要更改的事件类型。

3. 行为可以添加在按钮或影片剪辑上，而且一个对象上可以添加一个行为或者多个行为。如下例，是将加载外部影片剪辑添加在按钮上的。

（1）新建一个 Flash 文档，背景色为"灰色（#CCCCCC）"，尺寸为"400 像素×300 像素"。

（2）选择第 1 帧，使用矩形工具在舞台中绘制一个无轮廓线填充色为红色"#FF0000"

的矩形，如图 10.15 所示。

（3）选择该图层的第 40 帧，使用椭圆工具绘制一个无轮廓线填充色为"蓝色（#0000FF）"的圆形，如图 10.16 所示。

图 10.15　在第 1 帧绘制矩形

图 10.16　在第 40 帧绘制圆形

（4）返回到第 1 帧，打开"属性"面板，设置补间为"动画"。

（5）保存该文件，命名为"变形动画.fla"；导出该影片，命名为"变形动画.swf"。

（6）再新建一个 Flash 文档。将新文件命名为"加载影片元件.fla"，且文件与前面的"变形动画.swf"文件保存在同一路径下。

（7）在该文档中新建一个名称为"五星"的影片剪辑元件。

（8）进入该影片剪辑元件，使用星形工具绘制一个五角星。

（9）返回到主场景窗口，将"库"面板中的影片剪辑元件"五星"拖入舞台。然后打开"属性"面板，在 影片剪辑 ▼ 上面的文本框中输入名称"aa"，如图 10.17 所示。

（10）单击菜单项"窗口"/"公用库"/"按钮"，在打开的"按钮"库中选择"play back flat"文件夹下的"flat blue play"，从预览窗口中将该按钮拖入舞台；再选择"play back flat"文件夹下的"flat blue stop"，从预览窗口中将该按钮也拖入舞台。调整它们的位置，如图 10.18 所示。

图 10.17　将影片剪辑实例命名为"aa"

图 10.18　将公用库中的两个按钮拖入舞台

（11）单击左边的"播放"按钮，单击菜单项"窗口"/"行为"，则打开"行为"面板，如图 10.19 所示。单击该"行为"面板中的 ➕ 按钮，在打开的菜单中选择"影片剪辑"/"加载外部影片剪辑"命令，弹出"加载外部影片剪辑"对话框，如图 10.20 所示。

图 10.19 "行为"面板　　　　图 10.20 "加载外部影片剪辑"对话框

（12）在该"加载外部影片剪辑"对话框的"输入要加载的.swf 文件的 URL"下面的文本框中输入"变形动画.swf"；在"选择影片剪辑或输入要将您的.swf 载入哪一层"下的列表中选择 ，最后单击"确定"按钮，如图 10.21 所示。此时，该按钮的"行为"面板如图 10.22 所示。

图 10.21　选择将影片剪辑载入哪一层　　　图 10.22 "播放"按钮的"行为"面板

（13）这样为"播放"按钮添加行为效果即设置完毕。这时，其效果是"释放"鼠标时才加载影片剪辑，但一般习惯的效果是单击时开始加载，因此还需要为按钮添加行为，单击"行为"面板中的事件"释放时"，其右边出现一个黑色三角形，单击该三角形，在弹出的菜单中选择"按下时"，这样该按钮的行为效果即设置完毕。

（14）同样，为了实现单击"停止"按钮时能够停止加载外部影片剪辑的效果，也需要为"停止"按钮添加行为。

（15）选择"停止"按钮，单击"行为"面板中的 ✚ 按钮，在打开的菜单中选择"影片剪辑"/"卸载影片剪辑"，弹出"卸载影片剪辑"对话框，如图 10.23 所示。

（16）在该对话框中，选择 列表，再单击"确定"按钮。这样就为该按钮添加了行为，此时的"行为"面板如图 10.24 所示。

（17）这样本案例操作完毕。保存文件，测试文件。

图 10.23 "卸载影片剪辑"对话框

图 10.24 "停止"按钮的"行为"面板

10.1.3 任务 3：复制瓢虫

一、任务说明

行为还可以添加在按钮或影片剪辑实例之上，本任务是对按钮实例添加行为，制作通过单击按钮复制生成多只瓢虫的效果，如图 10.25 所示。

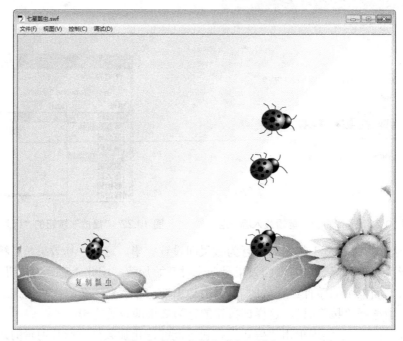

图 10.25 复制生成多只瓢虫

二、任务步骤

1. 打开任务 2 中制作完成的文档"项目 1_小甲虫的世界.fla"。

2. 新建一个影片剪辑元件，命名为"爬动的瓢虫"，进入其编辑窗口，将"库"面板中的"瓢虫"影片剪辑元件拖入，制作"爬动的瓢虫"动画效果，如图 10.26 所示。

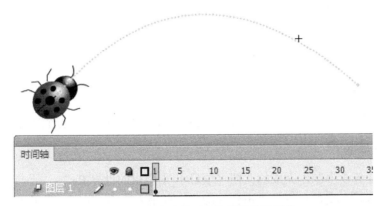

图 10.26　"爬动的瓢虫"影片剪辑元件

3．返回到场景，在图层 2 的上方新建一个图层 3，将"库"面板中的"爬动的瓢虫"影片剪辑元件拖入第 1 帧的舞台。选择舞台中的"爬动的瓢虫"实例，在其"属性"面板中设置实例名称为"c"。

4．选择图层 3 的第 1 帧，单击菜单项"窗口"/"公共库"/"按钮"，在其中选择一款按钮，将其拖入。双击该按钮，进入其编辑窗口，修改按钮表面的文本为"复制+瓢虫"，如图 10.27 所示。

5．单击选中舞台中的"按钮"实例，打开"行为"面板，单击其中的"添加行为"按钮，在弹出的菜单中选择"影片剪辑"/"直接复制影片剪辑"。

6．在弹出的"直接复制影片剪辑"窗口中，选择实例"c"，设置 X 偏移为 100，Y 偏移为 100，如图 10.28 所示。

图 10.27　修改按钮表面的文字

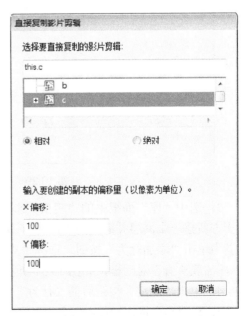

图 10.28　"直接复制影片剪辑"窗口

7．单击"确定"按钮，在"行为"面板中将"释放时"修改为"按下时"。影片制作完成，保存文档，测试影片。

10.1.4　任务 4：添加背景声音

一、任务说明

行为还能添加在文本上，本任务是对文本添加行为以对声音进行控制。

二、任务步骤

1．打开任务 3 中制作完成的文档"项目 1_小甲虫的世界.fla"。

2．将"素材"文件夹下的"声音.mp3"文件拖入库中。在"库"面板中选择该声音文件，鼠标右击，在弹出的快捷菜单中选择"属性"，在弹出的"声音属性"对话框中，选择"ActionScript"选项卡。勾选其中的"为 ActionScript 导出"和"在第 1 帧中导出"选项。在"标识符"文本框中输入名称为"1"，如图 10.29 所示。

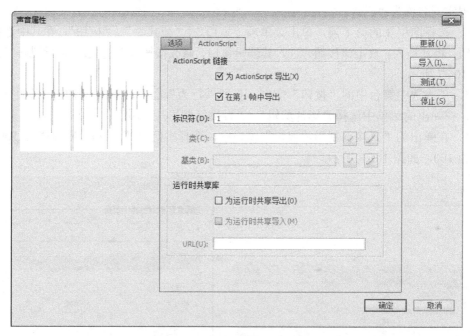

图 10.29　"声音属性"对话框

3．选中"库"面板中的"爬虫"影片剪辑元件，进入该元件的编辑窗口。在图层 1 的上方新建一个图层并命名为"声音"。选择"声音"图层的第 1 帧，打开"行为"面板，在其中单击"添加行为"按钮，选择"声音"/"从库加载声音"，如图 10.30 所示。弹出"从库加载声音"对话框，如图 10.31 所示。

4．单击"确定"按钮后的"行为"面板如图 10.32 所示。

5．新建一个按钮元件，命名为"停止声音"，进入该元件的编辑窗口，制作按钮元件如图 10.33 所示。

图 10.30 添加行为

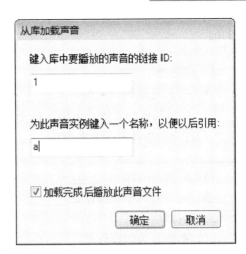

图 10.31 "从库加载声音"对话框

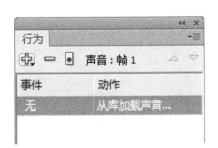

图 10.32 "行为"面板

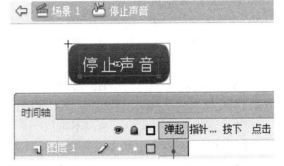

图 10.33 "停止声音"按钮元件

6. 返回场景,在图层 3 的上方新建"图层 4"。选择该图层的第 1 帧,将"库"面板中的"停止声音"按钮元件拖入舞台,效果如图 10.34 所示。

7. 选择舞台中的"停止声音"按钮,在"行为"面板中单击"添加行为"按钮,选择"声音"/"停止声音"。在"停止声音"对话框中设置"键入要停止的库中声音的链接 ID"为"1",设置"键入要停止的声音实例的名称"为"a",如图 10.35 所示。单击"确定"按钮。

8. 影片制作完成,保存文档,测试影片。

图 10.34 拖入"停止声音"按钮

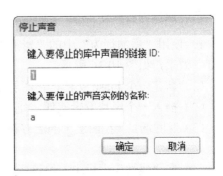

图 10.35 "停止声音"对话框

习题

1．填空题

（1）行为是系统预先编写好的＿＿＿＿＿＿＿＿＿。

（2）在给按钮或者影片剪辑元件添加行为时，其默认的事件类型是＿＿＿＿＿＿＿。

（3）行为的事件类型有 8 种：＿＿＿＿、＿＿＿＿＿、＿＿＿＿＿、＿＿＿＿＿、＿＿＿＿＿、＿＿＿＿＿、 ＿＿＿＿＿和＿＿＿＿＿。

（4）行为可以添加在＿＿＿＿＿、 ＿＿＿＿和 ＿＿＿＿＿＿对象上。

（5）可以对一个对象添加＿＿＿＿＿个行为。

2．选择题

（1）删除行为的操作是＿＿＿＿。

　　A．只能单击面板中的"删除行为"按钮　　B．只能按 Delete 键

　　C．A 和 B 都对

（2）选择不同的对象，添加行为都＿＿＿＿。

　　A．相同　　　　　　B．不同　　　　　C．无法判断

（3）在设置行为的事件类型后，则＿＿＿＿。

　　A．不能修改　　　　B．可以修改

（4）对文字＿＿＿添加行为。

　　A．可以　　　　　　B．不可以

（5）添加在一个对象上的多个行为的顺序是＿＿＿的。

　　A．不能移动　　　　B．可以移动　　　C．无法判断

3．问答题

（1）如何使用"行为"添加声音和控制声音？

（2）如何修改添加在对象上的行为事件？

实训十二　行为操作

一、实训目的

掌握"行为"面板的使用和使用行为制作交互性影片。

二、操作内容

1．使用"添加行为"中的"影片剪辑"／"开始拖动影片剪辑"，制作"可拖曳的探照灯"效果，如图 10.36 所示。

（1）新建一个 Flash 文档，在图层 1 的第 1 帧中使用文本工具输入"Flash"文字。

（2）插入一个影片剪辑元件，使用椭圆工具绘制一个圆。

（3）返回场景，在图层 1 的上方添加一个遮罩图层，将含有圆形的影片剪辑元件拖入该层。

（4）在"属性"面板中，给该影片剪辑实例命名为"A"。

（5）为该影片剪辑添加按下时"开始拖动影片剪辑"和释放时"停止拖动影片剪辑"

两个行为。

图 10.36 "可拖曳的探照灯"效果

2．使用"添加行为"中的"影片剪辑"/"直接复制影片剪辑"，制作单击按钮，复制图片的效果，如图 10.37 所示。

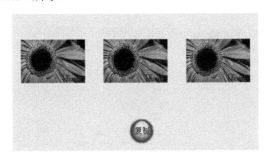

图 10.37 使用"直接复制影片剪辑"复制图片

（1）新建一个 Flash 文档。

（2）插入一个影片剪辑元件，在该元件中导入一张图片。

（3）返回到主场景中，将前面制作好的影片剪辑元件拖入，且从公用库中选择按钮，也拖入舞台。

（4）为"按钮"添加行为，选择"影片剪辑"/"直接复制影片剪辑"，在弹出的"直接复制影片剪辑"对话框中设置参数以实现效果。

3．使用"添加行为"中的"影片剪辑"/"移到最前"，制作鼠标移入图片时，图片移到最前，如图 10.38 所示。

图 10.38 照片浏览

（1）新建一个 Flash 文档。

（2）导入四张图片。

（3）新建四个影片剪辑元件，在其编辑窗口中，分别拖入图片。

（4）返回到主场景中，将四个影片剪辑元件拖入舞台，四个图片实例重叠错开排列。在"属性"面板中将实例名称依次命名为"a"、"b"、"c"和"d"。

（5）分别在舞台中选择四个实例，在"行为"面板中单击"添加行为"按钮，选择"影片剪辑"/"移到最前"。分别为四个实例添加该行为。

（6）分别在行为面板中将默认的"释放时"修改为"移入时"。

（7）该文档制作完成，保存，且测试影片。

第 11 章

应用 ActionScript 制作动画

ActionScript 2.0 是 Flash CS6 的内置脚本语言，使用它可以创建交互性的动画影片，如交互游戏、网站等。在前面的一些案例制作中介绍了 Flash 动画的一般制作方法，本章主要介绍如何运用 ActionScript 2.0 脚本来实现交互式 Flash 动画。

11.1 项目 1 制作"播放器"

11.1.1 操作说明

本案项目中使用 ActionScript 2.0 的 play()、stop()等函数，制作一个"播放器"，其效果如图 11.1 所示。

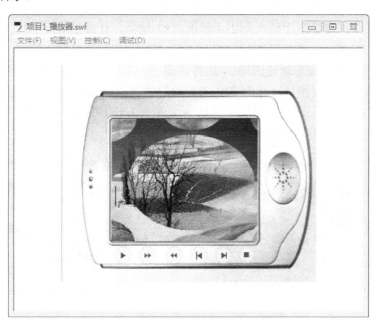

图 11.1 "播放器"效果

11.1.2 操作步骤

1．新建一个 Flash 文档。背景色为灰色，尺寸为"400 像素×300 像素"。

2．单击菜单项"文件"/"导入"/"导入到库"，将"素材"文件夹下的"风景 1.jpg"、"风景 2.jpg"和"播放器.jpg"图片文件导入。

3．新建一个图形元件"元件 1"，进入其编辑窗口，使用椭圆工具绘制一组椭圆，如图 11.2 所示。

4．返回到场景，选择图层 1 的第 1 帧，将"库"面板中的"播放器.jpg"图片拖入舞台。调整图片位于舞台中间，效果如图 11.3 所示。选择该图层的第 80 帧，鼠标右击，选择插入帧。

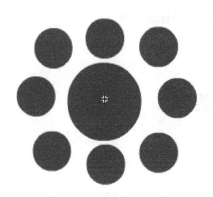

图 11.2　元件 1　　　　　图 11.3　在图层 1 的第 1 帧将"播放器"图片拖入舞台

5．在图层 1 的上方新建图层 2，选择该图层的第 1 帧，将"库"面板中的"风景 1.jpg"图片拖入其中；设置图片尺寸为 230 像素×187 像素，且调整图片于播放器屏幕的中央，效果如图 11.4 所示。选择该图层的第 80 帧，鼠标右击，选择插入帧。

6．在图层 2 的上方新建图层 3，选择该图层的第 1 帧，将"库"面板中的"风景 2.jpg"图片拖入其中；设置图片尺寸为 230 像素×187 像素，且调整图片也位于播放器的中央，效果如图 11.5 所示。选择该图层的第 80 帧，鼠标右击，选择插入帧。

图 11.4　在图层 2 的第 1 帧拖入"风景 1.jpg"　图 11.5　在图层 3 的第 1 帧拖入"风景 2.jpg"

7．在图层 3 的上方新建图层 4，选择该图层的第 1 帧，将"库"面板中的"元件 1"图形元件拖入其中，调整元件实例到很小，且位于播放器的中央，效果如图 11.6 所示。

图 11.6　在图层 4 的第 1 帧拖入"元件 1"

8．选择图层 4 的第 80 帧，将舞台中的"元件 1"放大到中间的椭圆盖住播放器的屏幕，如图 11.7 所示。

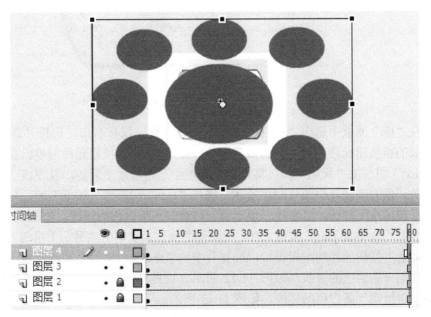

图 11.7　在图层 4 的第 80 帧放大"元件 1"实例

9．返回选择图层 4 的第 1 帧，鼠标右击，选择"创建传统补间"。并且选择第 1 帧，在"属性"面板中设置"缓动"参数为"100"。

10．选中图层 4，鼠标右击，选择"遮罩层"，时间轴如图 11.8 所示。

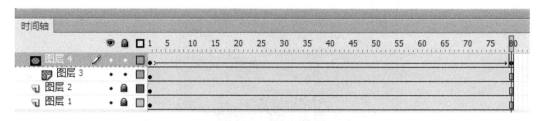

图 11.8   时间轴

11．在图层 4 的上方新建图层，命名为"按钮"。

12．单击菜单项"窗口"/"公共库"/"按钮"，在弹出的"公共库"面板中选择"playback flat"栏，将其中的"flat blue play"、"flat blue stop"、"flat blue forward"、"flat blue back"这四个按钮拖入图层 4 的第 1 帧，效果如图 11.9 所示。

图 11.9   在"按钮"图层的第 1 帧拖入四个按钮

13．在"库"面板中选中"flat blue play"按钮元件，鼠标右击，选择"直接复制"，将复制生成的新按钮元件命名为"到最前"。进入"到最前"按钮元件的编辑窗口，选择其中的"text"图层的"弹起"帧，将舞台中黑色小三角形水平翻转，且在该三角形的左边绘制一条黑色的竖线，如图 11.10 所示。选择"text"图层的"按下"帧，将舞台中白色小三角形图形水平翻转，且在该三角形的左边绘制一条白色的竖线，如图 11.11 所示。

14．选中"flat blue play"按钮元件，用相同的操作，复制生成另一个按钮"到最后"。进入"到最后"按钮元件的编辑窗口，选择其中的"text"图层的"弹起"帧，在该三角形的右边绘制一条黑色的竖线，如图 11.12 所示。选择"text"图层的"按下"帧，在该三角形的右边绘制一条白色的竖线，如图 11.13 所示。

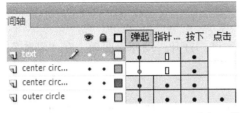

图 11.10 "到最前"元件的"弹起"帧

图 11.11 "到最前"元件的"按下"帧

图 11.12 "到最后"元件的"弹起"帧

图 11.13 "到最后"元件的"按下"帧

15．选择"按钮"图层的第 1 帧，将"库"面板中的"到最前"和"到最后"两个按钮元件拖入舞台，效果如图 11.14 所示。选择该图层的第 80 帧，插入帧。

图 11.14 "按钮"图层

16．选择舞台中的"flat blue play"按钮实例，单击菜单项"窗口"/"动作"，打开"动作"面板，在"动作"面板的右窗口中输入如下代码：

on (press) {play();}

17．选择舞台中的"flat blue stop"按钮实例，打开"动作"面板，在"动作"面板的右窗口中输入如下代码：

on (press) {stop();}

18．选择舞台中的"flat blue forward"按钮实例，打开"动作"面板，在"动作"面板的右窗口中输入如下代码：

on (press) {nextFrame();}

19．选择舞台中的"flat blue back"按钮实例，打开"动作"面板，在"动作"面板的右窗口中输入如下代码：

on (press) {prevFrame();}

20．选择舞台中的"到最前"按钮实例，打开"动作"面板，在"动作"面板的右窗口中输入如下代码：

on (press) {gotoAndStop(1);}

21．选择舞台中的"到最后"按钮实例，打开"动作"面板，在"动作"面板的右窗口中输入如下代码：

on (press) {gotoAndStop(80);}

23．该案例制作完成，保存影片，测试。

11.1.3　技术支持

1．"动作"面板的打开与关闭

打开"动作"面板的方法有如下几种。

（1）单击"窗口"/"动作"命令，如图 11.15 所示，即可打开"动作"面板。

（2）选择需要添加动作的元件，右键单击选择"动作"命令，即可打开"动作"面板，如图 11.16 所示。

（3）按 F9 功能键可快速打开"动作"面板。

关闭动作面板的方法是在"动作"面板的标题栏上右键单击，选择"关闭"命令即可关闭"动作"面板，如图 11.17 所示。

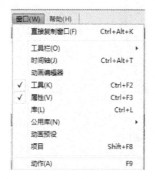

图 11.15　打开"动作"面板　　　图 11.16　右击打开"动作"面板　　　图 11.17　关闭"动作"面板

2. "动作"面板的操作

"动作"面板的编辑环境由左、右两个部分组成，左侧部分又分为上、下两个窗口，如图 11.18 所示。

图 11.18 "动作"面板

左侧的上方是一个动作工具箱，单击前面的图标展开每一个条目，可以显示出对应条目下的动作脚本语句元素，双击选中的语句可将其添加到编辑窗口。

下方是一个脚本导航器，里面列出了 Flash 文件中具有关联动作脚本的帧位置和对象。单击脚本导航器中的某一项目，与该项目相关联的脚本则会出现在脚本窗口中，并且场景上的播放头也将移到时间轴上的对应位置。双击脚本导航器中的某一项，则该脚本会被固定。

右侧部分是脚本编辑窗口，这是添加代码的区域。可以直接在脚本窗口中编辑动作、输入动作参数或删除动作。也可以双击动作工具箱中的某一项或脚本编辑窗口上方的"添加脚本"工具，向脚本窗口添加动作。

在脚本编辑窗口的上面，有一排工具图标，在编辑脚本的时候，可以方便、适时地使用它们的功能，如图 11.19 所示。

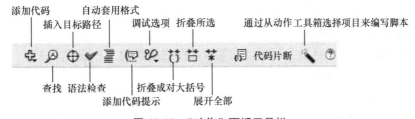

图 11.19 "动作"面板工具栏

在使用"动作"面板的时候，可以随时单击脚本编辑窗口左侧的箭头按钮，以隐藏或展开左边的窗口。将左边窗口隐藏可以使"动作"面板更加简洁，同时方便脚本的编辑，如图 11.20 所示。

图 11.20　隐藏左边窗口后的"动作"面板

通过从动作工具箱选择项目来编写脚本有助于规范脚本，可以避免新手编写 ActionScript 时可能出现的语法和逻辑错误。但是使用脚本助手必须熟悉 ActionScript 2.0，知道创建脚本时要使用什么方法、函数和变量。

3．函数的使用

函数就是在程序中可以重复使用的代码，可以将需要处理的值或对象通过参数的形式传递给函数，然后由函数得到结果。从另一个角度说，函数存在的目的就是为了简化编程、减小代码量和提高效率。

Flash ActionScript 2.0 中的脚本语言也包含了"系统函数"和"自定义函数"。这里重点介绍系统函数。所谓系统函数，就是 Flash ActionScript 2.0 内置的函数，用户在编写程序的时候可以直接拿来使用。

4．Play()和 Stop()

Play()动作可控制影片继续播放，Stop()动作可控制影片暂停。如果没有控制，一个影片会从第一帧顺序地播放到最后一帧，不会停止也不会跳转。用户可以通过 Play()和 Stop()来控制影片播放或停止。

5．nextFrame()、prevFrame()、nextScene()、prevScene()

nextFrame()动作是将播放头跳到当前播放头所在帧的下一帧。

prevFrame()动作是将播放头跳到当前播放头所在帧的前一帧。

nextScene()动作是将播放头跳到当前播放头所在场景的下一场景。

prevScene()动作是将播放头跳到当前播放头所在场景的上一场景。

例如：可给按钮添加程序：

```
on(release){
        nextFrame();}
```

6．stopAllSounds()

stopAllSounds()动作是在不停止播放头的情况下停止影片文件中当前正在播放所有声音，但设置为数据流的声音在所在帧的下一帧恢复播放。

可在场景最后一帧上添加代码：

```
stop();
stopAllSound();
```

影片将在播放到最后一帧停止，并停止所有声音。

11.2　项目2　场景跳转制作"霓虹灯效果设计方案组"

11.2.1　操作说明

本项目运用在一个文档中制作多个场景，然后利用在场景中添加按钮，并对按钮添加动作，实现在多个场景中进行自主跳转的交互动画效果。如图 11.21 所示。

图 11.21　"项目 2_霓虹灯效果设计方案组"效果

11.2.2　操作步骤

1．打开在第 6 章中制作完成的文档"项目 1_夜景工程.fla"。

2．单击菜单项"窗口" / "其他面板" / "场景"，打开"场景"面板，如图 11.22 所示。

3．在"场景"面板中，双击"场景 1"，将其重命名为"b"。单击面板下方的第 1 个按钮"添加场景"按钮，添加新场景"场景 2"，双击"场景 2"，将其重命名为"a"，如图 11.23 所示。此时，舞台也切换为"a"。

图 11.22 "场景"面板

图 11.23 添加新场景后的"场景"面板

4．在此时的场景"a"舞台中，选择图层 1 的第 1 帧输入文本"霓虹灯效果设计方案组"，将输入的文本分离，设置为渐变颜色。效果如图 11.24 所示。

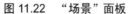

图 11.24 场景"a"图层 1 第 1 帧

5．单击菜单项"窗口"/"公共库"/"按钮"，在弹出的面板中选择"tube double gold"按钮和"tube double blue"按钮并分别将它们拖到场景中。并在"库"面板中将按钮"tube double gold"更名为"方案 1"，将按钮"tube double blue"更名为"方案 2"。

6．分别进入这两个按钮的编辑窗口，将按钮表面的文本分别修改为"方案 1"和"方案 2"，如图 11.25 所示。

7．选择图层 1 的第 1 帧，在"动作"面板中输入以下代码：

```
stop();
```

8．选择舞台中的"方案 1"按钮，，在"动作"面板中输入以下代码：

```
on (press) {gotoAndPlay( " b " ,1);}
```

9．选择舞台中的"方案 2"按钮，，在"动作"面板中输入以下代码：

```
on (press) {gotoAndPlay( " c " ,1);}
```

10．在"场景"面板中，再单击面板下方的第 1 个按钮即"添加场景"按钮，添加新场景"场景 3"，将其重命名为"c"，如图 11.26 所示。此时，舞台也切换为"c"。

图 11.25 修改按钮表面的文字

图 11.26 添加场景"c"

11．在场景"c"中，模仿第 6 章制作夜景工程的设计方法，对大楼再设计一套霓虹灯动画效果，如图 11.27 所示。

图 11.27 场景"c"的霓虹灯动画效果

12．选择"库"面板中的"方案1"按钮，鼠标右击，选择"直接复制"菜单项，复制一个按钮元件，将该按钮元件命名为"返回"。进入该元件编辑窗口，将按钮表面的文字更改为"返回"字样，如图 11.28 所示。

13．在"场景"面板中选择"c"场景，将"库"面板中的"返回"按钮拖入图层 1 的第 1 帧。选中舞台中的该"返回"按钮，打开"动作"面板，在其中输入如下代码：

    on (press) {gotoAndPlay("a",1);}

14．在"场景"面板中选择"b"场景，选择将"库"面板中的"返回"按钮拖入图层 1 的第 1 帧。选中舞台中的该"返回"按钮，打开"动作"面板，在其中输入如下代码：

    on (press) {gotoAndPlay("a",1);}

15．打开"场景"面板，将场景顺序调整为"a"、"b"和"c"，即将"a"移到第一个，如图 11.29 所示。

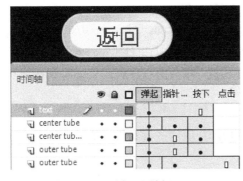

图 11.28 "返回"按钮

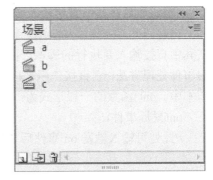

图 11.29 "场景"面板中的顺序

16．该文档制作完成，保存文档，测试影片。看到首先运行的是场景"a"，在其中单击"方案1"按钮可以跳转进入场景"b"，单击"方案2"按钮可以跳转进入场景"c"；在场景"b"和"c"中分别单击"返回"按钮，均可跳转返回到场景"a"中。

11.2.3　技术支持

1．goto 语句

gotoAndPlay()动作是将播放头转到场景中指定的帧并从该帧开始播放。

gotoAndStop()动作是将播放头转到场景中指定的帧并暂停播放。

它们均可带两个参数：场景和帧。场景是可选参数，帧可以是帧编号数字或帧标签。格式如下：

gotoAndPlay(scene，frame);

参数含义：

Scene(场景)，跳转至场景的名称。

Frame(帧)，跳转至帧的名称或帧数。

如果只是在同一个场景中进行帧的跳转，则可以不需指定场景名称，直接写入要跳转的帧数即可；如果要跳转到第 1 帧，则可以写成：gotoAndPlay(1)。

如果要转到"场景 2"的第 20 帧并播放，可用以下代码：

gotoAndPlay("场景 2",20);

2．事件的概念

在利用 Flash ActionScript 2.0 设计交互程序时，事件是其中最基础的一个概念。所谓事件，就是软件或者硬件发生的事情，它需要应用程序有一定的响应。还有一个概念是事件处理，所谓事件处理就是当发生某个事件时，马上有程序进行响应，这一系列程序处理的过程就是事件处理。

3．添加动作脚本的方法

如果要使用动作脚本控制影片，就必须将动作脚本添加到文档中。向文档中添加动作脚本主要有三个地方，它们是关键帧、按钮和影片剪辑。

（1）向关键帧添加脚本。要为关键帧添加脚本，首先要选中关键帧，再打开它对应的"动作"面板，然后在其中直接输入要执行的脚本。

（2）向按钮元件实例添加脚本。首先要选中该按钮，再打开它对应的"动作"面板，然后在其中直接输入要执行的脚本。按钮实例一般使用 on()事件。on()事件处理函数是最传统的事件处理方法，它直接作用于按钮元件实例，相关的程序代码要编写到按钮实例的动作脚本中。on()函数的一般形式为：

on(鼠标事件){

//此处可输入触发 on 事件后要处理的语句,用这些语句组成的函数体来响应鼠标事件

}

其中，鼠标事件是"事件"触发器，当发生此事件时，执行事件后面花括号中的语句。比如 press 就是一个常用的鼠标事件，它是在鼠标指针经过按钮时单击鼠标按钮时产生的事件。

on()事件处理函数除了响应鼠标事件外，还可以响应 Key Press（按键）事件。对于按钮而言，可指定触发动作的按钮事件有以下几种。

● press：事件发生于鼠标，在按钮上方，并按下鼠标左键时。

- release：事件发生于鼠标，在按钮上方按下鼠标左键，接着松开鼠标左键时，也就是按一次鼠标左键。
- releaseOutside：事件发生于鼠标，在按钮上方按下鼠标左键，接着把鼠标移到按钮之外，然后松开鼠标左键时。
- rollOver：事件发生于鼠标，滑入按钮时。
- rollOut：事件发生于鼠标，滑出按钮时。
- dragOver：事件发生于鼠标，按住鼠标左键不松手，鼠标滑入按钮时。
- dragOut：事件发生于按着鼠标，按住鼠标左键不松手，鼠标滑出按钮时。
- keyPress：事件发生于鼠标，用户按下指定的按键时。

（3）为影片剪辑添加脚本。首先要选中影片剪辑，再打开它对应的"动作"面板，然后在其中输入脚本。影片剪辑脚本和按钮的脚本类似，它们都使用事件处理函数，与按钮的 on 关键字不同，影片剪辑使用 onClipEvent 关键字。当某种影片剪辑事件发生时，就会触发相应的事件处理函数。常见影片事件如下。

- load：影片剪辑被实例化，出现在时间轴上时触发。
- unload：当时间轴上影片剪辑被删除时，优先触发。
- enterFrame：当影片剪辑存在时间轴上时，以帧频的频率不断触发。
- mouseDown：当影片剪辑存在时间轴上时，按下鼠标左键时触发。
- mouseMove：当影片剪辑存在时间轴上时，每次移动鼠标时触发。
- mouseUp：当影片剪辑存在时间轴上时，释放鼠标左键时触发。
- keyDown：当影片剪辑存在时间轴上时，按下键盘上的按键时触发。
- keyUp：当影片剪辑存在时间轴上时，释放键盘上的按键时触发。

其中，最重要的两种事件是 load 和 enterFrame。load 事件在影片剪辑完全加载到内存中时发生。在每次播放 Flash 影片时，每个影片剪辑的 load 事件只发生一次。enterFrame 事件在影片每次播放到影片剪辑所在帧时发生。如果主时间轴中只有一帧，且不论它是否在该帧停止，该帧中的影片剪辑都会不断触发 enterFrame 事件，且触发的频率与 Flash 影片的帧频一致。enterFrame 事件的一个重要特性是在主时间轴停止播放时，影片中的影片剪辑并不会停止播放。

影片剪辑事件的使用方法如下所示：

```
onClipEvent (load) {
var i = 0;
}
onClipEvent (enterFrame) {
trace(i);
i++;
}
```

当影片剪辑的 load 事件发生时，将变量 i 设置为 0。当影片剪辑的 enterFrame 事件发生时，向输出窗口中发送 i 的值，然后将 i 加 1。输出窗口中会从 0 开始输出以 1 为递增的数字序列，直到影片被关闭为止。

⫸ 11.3 项目3 制作"小甲虫"

11.3.1 操作说明

本项目中运用按钮元件和 ActionScript 2.0 函数制作交互动画"小甲虫"效果，如图 11.30 所示。具体操作步骤如下所述。

图 11.30 小甲虫

11.3.2 操作步骤

1. 新建一个 Flash ActionScript 2.0 文档，设置其背景色为白色。
2. 单击菜单项"插入"/"新建元件"，创建影片剪辑元件"七星瓢虫"，进入该元件编辑窗口绘制小甲虫图形，如图 11.31 所示。
3. 新建一个图形元件，命名为"文字"，在该元件窗口中输入文本"单击键盘上的方向键移动瓢虫"，且将文本设置为红色。如图 11.32 所示。

图 11.31 元件"七星瓢虫"　　　　图 11.32 元件"文字"

4. 创建四个按钮元件，分别命名为"上"、"下"、"左"、"右"，分别进入这四个按钮元件窗口，进行编辑制作，效果分别如图 11.33、图 11.34、图 11.35 和图 11.36 所示。

5．返回场景，选择图层 1 的第 1 帧，从"库"面板中拖入"七星瓢虫"影片剪辑元件，且选择"属性"面板，设置实例名称为"a"。

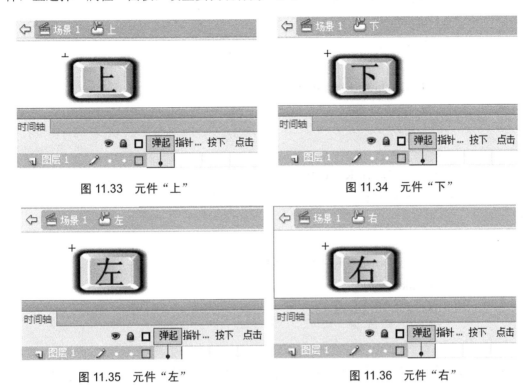

图 11.33 元件"上"　　　　　　图 11.34 元件"下"

图 11.35 元件"左"　　　　　　图 11.36 元件"右"

6．继续从"库"面板中拖入元件"上"、"下"、"左"、"右"，调整舞台中各个对象的位置，效果如图 11.37 所示。

7．单击菜单项"窗口"/"公共库"/"按钮"，选择其中的"tube double gold"和"tube double green"，将其拖入舞台，修改按钮表面的文字，分别为"放大"和"缩小"，效果如图 11.38 所示。

单击键盘上的方向键移动瓢虫　　**单击键盘上的方向键移动瓢虫**

图 11.37 从"库"面板中拖入元件　　图 11.38 制作"放大"和"缩小"两个按钮

8．选择图层 1 的第 1 帧，在"动作"面板中输入以下代码：

```
onEnterFrame = function () {
    if (Key.isDown(Key.DOWN ) ) {
    a._rotation=0;
        a._y+=2;
    }
    if (Key.isDown(Key.LEFT) ) {
        a._rotation=90;
        a._x-=2;
    }
    if (Key.isDown(Key.UP) ) {
    a._rotation=180;
        a._y-=2;
    }
        if (Key.isDown(Key.RIGHT) ) {
    a._rotation=270;
    a._x+=2;
        }
}
```

9. 选择舞台中的"上"按钮，在"动作"面板中输入以下代码：

```
on (press) {
    a._rotation=180;
    a._y-=2;
}
```

10. 选择舞台中的"下"按钮，在"动作"面板中输入以下代码：

```
on (press) {
    a._rotation=0;
    a._y+=2;
}
```

11. 选择舞台中的"左"按钮，在"动作"面板中输入以下代码：

```
on (press) {
    a._rotation=90;
    a._x-=2;
}
```

12. 选择舞台中的"右"按钮，在"动作"面板中输入以下代码：

```
on (press) {
    a._rotation=270;
```

```
        a._x+=2;
    }
```

13. 选择舞台中的"放大"按钮，在"动作"面板中输入以下代码：

```
on (press) {
    xx=getProperty("a",_width);
    setProperty("a",_width,xx+10);
    yy=getProperty("a",_height);
    setProperty("a",_height,yy+10);
}
```

14. 选择舞台中的"缩小"按钮，在"动作"面板中输入以下代码：

```
on (press) {
        xx=getProperty("a",_width);
        setProperty("a",_width,xx-10);
        yy=getProperty("a",_height);
        setProperty("a",_height,yy-10);
}
```

15. 保存文件，命名为"项目 4 神奇的小甲虫.fla"，测试影片。

11.3.3　技术支持

1. 通过设置影片剪辑的属性，可以控制影片剪辑的位置、大小与透明度等，常用的属性如下。

"_height"和"_width"：用于设置影片剪辑的高度和宽度，可改变影片剪辑的大小。

"_x"和"_y"：用于设置影片剪辑的横坐标和纵坐标，可改变影片剪辑的位置。

"_alpha"：用于设置影片剪辑的透明度。

"_rotation"：用于设置影片剪辑的旋转角度。

"_xscale"：用于设置影片剪辑水平方向的缩放比例，如设置为 200 即放大 2 倍。

"_yscale"：用于设置影片剪辑垂直方向的缩放比例。

"_visible"：用于设置影片对象是否可见，设置为 1 为可见，设置 0 不可见。

2. setProperty()与 getProperty()。

setProperty()可设置一个影片剪辑的属性。它带的参数有 3 个：setProperty(目标，属性，值)，如 setProperty("car",_rotation,180)，与 car._rotation=180 功能相同。

getProperty()是读取一个影片剪辑的属性。它带的参数有 2 个：getProperty(目标，属性)，如 getProperty("car",_y)，可获取 y 坐标的值。

⫸ 11.4 项目4 制作"作品集"

11.4.1 操作说明

本项目利用 GetURL()函数制作出超链接效果，将本章前三个项目中制作完成的作品集成为一个作品集。

11.4.2 操作步骤

1．打开 Flash CS6 应用程序窗口，在其中分别打开在本章项目 1、项目 2 和项目 3 中制作完成的案例，单击菜单项"控制"/"测试影片"进行测试，生成三个 SWF 影片文件"项目 1_播放器.swf"、"项目 2_霓虹灯方案.swf"、"项目 3_神奇的小甲虫.swf"。

2．新建一个文档。选择图层 1 的第 1 帧，将"素材"文件夹下的"背景.jpg"图片导入舞台，调整图片的大小为 550 像素×400 像素，且刚好平铺舞台。

3．选择图层 1 的第 1 帧，使用文本工具输入文本"Flash CS6 的作品集"，效果如图 11.39 所示。

4．新建五个按钮元件，分别命名为"作品一"、"作品二"、"作品三"、"新浪网"和"百度"，进入这几个按钮元件的编辑窗口，分别在"弹起"帧输入文本："作品一"、"作品二"、"作品三"、"新浪网"和"百度"。

5．返回主场景，在图层 1 的上方新建一个"图层 2"，选择图层 2 的第 1 帧，将"库"面板中的这五个按钮元件拖入舞台，效果如图 11.40 所示。

图 11.39 在图层 1 的第 1 帧输入文本　　　　　　图 11.40 拖入按钮元件的效果

6．选择舞台中的"作品一"文字，打开"动作"面板，在其中输入代码：
```
on (press) {getURL("项目 1_播放器.swf");}
```

7．选择舞台中的"作品二"文字，打开"动作"面板，在其中输入代码：
```
on (press) {getURL("项目 2_夜景工程方案组.swf");}
```

8．选择舞台中的"作品三"文字，打开"动作"面板，在其中输入代码：
```
on (press) {getURL("项目 5_神奇的瓢虫.swf");}
```

9．选择舞台中的"新浪网"文字，打开"动作"面板，在其中输入代码：

　　　on (press) {getURL("http://www.sina.com.cn");}

10．选择舞台中的"百度"文字，打开"动作"面板，在其中输入代码：

　　　on (press) {getURL("http://www.baidu.com");}

11．保存文档，测试影片，单击按钮可以链接到相应的页面。

11.4.3　技术支持

1．getURL()函数。getURL()函数的作用是添加超级链接，包括电子邮件链接。例如，如果要给一个按钮实例附加超级链接，使用户在单击时直接打开信息学院主页，则可以在这个按钮上附加以下动作代码：

　　　on(release){

　　　getURL("http://www.mitu.cn");

　　　}

如果要附加电子邮件链接，则可以输入如下代码：

　　　on(release){

　　　getURL("mailto：abcd@mitu.cn");

　　　}

2．浏览器和网络控制类命令。getURL()属于浏览器和网络控制类命令，下面再介绍两类浏览器和网络控制类命令。

（1）fscommand命令。其作用是对影片浏览器进行控制，也就是对Flash Player进行控制。另外，配合JavaScript脚本语言，fscommand命令成为Flash和外界沟通的桥梁。fscommand命令的语法格式如下：

　　　fscommand(命令，参数);

其中包含两个参数项：一个是可以执行的命令，另一个是执行命令的参数。表11.1列出了fscommand命令可以执行的命令和参数。

表11.1　fscommand命令可以执行的命令和参数

命　令	参　数	功　能　说　明
fquit	没有参数	关闭影片播放器
fullscreen	true or false	用于控制是否让影片播放器成为全屏播放模式，true为是，false为不是
allowscale	true or false	false让影片画面始终以100%的方式呈现，不会随着播放器窗口的缩放而跟着缩放；true则正好相反
showmenu	true or false	true代表当用户在影片画面上右击时，可以弹出全部命令的右键菜单；false则表示命令菜单里只显示"About Shockwave"信息
exec	应用程序的路径	从Flash播放器执行其他应用软件
trapallkeys	true or false	用于控制是否让播放器锁定键盘的输入，true为是，false为不是；这个命令通常用在Flash以全屏幕播放的时候，避免用户按Esc键，解除全屏幕播放

（2） loadMovie 和 unloadMovie 载入和卸载影片命令。loadMovie 命令的作用是载入电影，而 unloadMovie 的作用是卸载由 loadMovie 命令载入的电影。

① loadMovie 使用的一般形式为：

loadMovie(URL, level/target, variables);

参数含义如下。

- URL：要载入的 swf 文件、jpeg 文件的绝对或相对 URL 地址。
- Target：目标电影剪辑的路径。目标电影剪辑将会被载入的电影或图像所替代。必须指定目标电影剪辑或目标电影的级别，二者只选其一。
- Level：指定载入到播放器中的电影剪辑所处的级别整数。
- Varibles：可选参数。如果没有要发送的变量，则可以忽略该参数。

当使用 loadMovie 动作时，必须指定目标电影剪辑或目标电影的级别。载入到目标电影剪辑中的电影或图像将继承原电影剪辑的位置、旋转和缩放属性。载入图像或电影的左上角将对齐原电影剪辑的中心点。

② unloadMovie 命令使用的一般形式为：

unloadMovie(level/target);

要卸载某个级别中的电影剪辑，需要使用 level 参数，如果要卸载已经载入的电影剪辑，则可以使用 target 目标路径参数。

Ⅱ➡ 11.5 项目5 制作"图片放大"

11.5.1 项目说明

本项目利用 if 条件语句和自定义函数制作单击图片来放大显示的交互效果。

11.5.2 操作步骤

1．新建一个文档，尺寸为 550 像素×400 像素。

2．将"素材"文件夹下的图片"deing1.jpg"、"deing2.jpg"和"deing3.jpg"三个文件导入库。

3．新建一个按钮元件，命名为"1"，进入该元件窗口，将"库"面板中的"deing1.jpg"图片文件拖入"弹起"帧。用同样的方法，创建名称为"2"和"3"的按钮元件，分别将"deing2.jpg"和"deing3.jpg"图片拖入"弹起"帧。

4．创建影片剪辑元件"a"，进入该元件编辑窗口，将图片"deing1.jpg"、"deing2.jpg"和"deing3.jpg"分别拖入图层 1 的第 1、2、3 帧，设置这三个图片的大小均为 300 像素×250 像素。在图层 1 上方新建图层 2，选择图层 2 的第 2 帧和第 3 帧，插入关键帧，打开"动作"面板，在第 1、2、3 帧中输入代码：stop(); ，如图 11.41 所示。

图 11.41　"a"影片剪辑元件

5．新建图形元件，命名为"b"，进入该元件窗口，绘制一个任意颜色的矩形。

6．创建影片剪辑元件"d"，进入该元件编辑窗口，将"库"面板中的按钮元件"1"、"2"和"3"拖入其中，设置各个按钮元件实例的大小均为 300 像素×250 像素，且排成水平对齐，效果如图 11.42 所示。

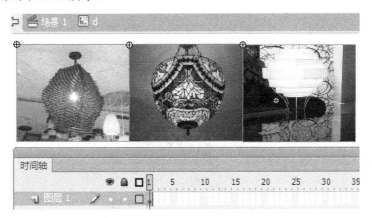

图 11.42　"d"影片剪辑元件

7．在影片剪辑元件"d"编辑窗口中，选择舞台中的"1"按钮实例，打开"动作"面板，在其中输入代码：

```
on (release) {
    _parent.e1.gotoAndPlay(2);
    _parent. e1.a1.gotoAndStop(1);
}
```

8．选择舞台中的"2"按钮实例，打开"动作"面板，在其中输入代码：

```
on (release) {
```

```
        _parent. e1.gotoAndPlay(2);
        _parent. e1.a1.gotoAndStop(2);
    }
```

9. 选择舞台中的"3"按钮实例，打开"动作"面板，在其中输入代码：

```
on (release) {
    _parent. e1.gotoAndPlay(2);
    _parent. e1.a1.gotoAndStop(3);
}
```

10. 创建影片剪辑元件"e"，进入该元件编辑窗口，将"库"面板中的"a"影片剪辑元件拖入图层 1 的第 1 帧的舞台；选择舞台中的"a"影片剪辑元件实例，在其"属性"面板中设置实例名称为"a1"，如图 11.43 所示。选择该图层的第 30 帧，插入帧。

11. 在影片剪辑元件"e"的编辑窗口中，在图层 1 的上方新建图层 2，在该图层的第 1 帧，将图形元件"b"拖入，设置矩形大小为 300 像素×250 像素，位置与图层 1 的第 1 帧的图片重叠。选择该图层的第 30 帧，插入关键帧，选择舞台中的矩形，将其 Alpha 值设置为 0%；返回第 1 帧，选择"创建传统补间"。

12. 在该元件的图层 2 的上方新建图层 3，选择该图层的第 30 帧，插入关键帧。分别在第 1 帧和第 30 帧，打开"动作"面板中输入代码：stop();。制作完成后的元件"e"如图 11.44 所示。

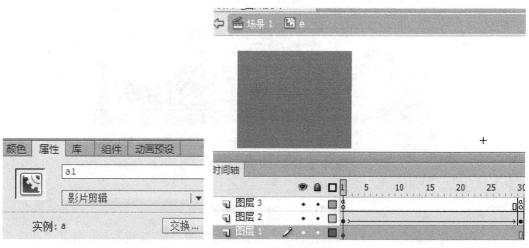

图 11.43　设置实例名称为"a1"　　　　图 11.44　"e"影片剪辑元件

13. 返回到场景，选择图层 1 的第 1 帧，将"库"面板中的影片剪辑元件"e"拖入舞台，调整矩形和舞台一样大，且平铺舞台。

14. 在图层 1 的上方新建图层 2，选择第 1 帧，将"库"面板中的影片剪辑元件"d"拖入舞台，调整其大小，使其位于舞台中间，如图 11.45 所示。并且，在"属性"面板中设置该实例名称为"d1"，如图 11.46 所示。

图 11.45　场景的图层 1 和图层 2　　　　图 11.46　设置实例名称为"d1"

15．在图层 2 的上方新建图层 3，选择图层 3 的第 1 帧，打开"动作"面板，在其中输入以下代码：

```
stop();
dl.onEnterFrame=function(){
    if(_xmouse<20){
        this._y=this._y-(this._y-20)*0.2;
    }else if(_xmouse>300){
        this._y=this._y-(this._y-300)*0.2;
    }else{
        this._y=this._y-(this._y-_xmouse)*0.2;
    }
};
```

16．该文档制作完成，保存，测试影片。单击小图，可以在舞台中展示其大图的效果。

11.5.3　技术支持

1．if 语句

If 语句用来判断所给定的条件是否满足根据判定的结果（真或假）决定执行给出的两个操作之一。If 语句一般用来实现二分支或者三分支，常用的格式有以下 3 种。

（1）If(条件){语句}

如果条件成立，就执行语句；否则，什么也不执行。

例如：

```
if (Key.isDown(Key.LEFT) ) {
    car._rotation=90;
    car._x- =2;}
```

如果 Key.isDown(Key.LEFT) 条件成立即"左"方向键被按下，则执行语句 car._rotation=90;

car._x- =2; 将 car 实例旋转 90°，x 坐标减 2。

（2）If(条件){语句 1}else{语句 2}

如果条件成立就执行语句 1，否则就执行语句 2。

（3）If(条件 1){语句 1} else　If(条件 2){语句 2}else{语句 3}

如果条件 1 成立，则执行语句 1；否则判断条件 2 是否成立，如果成立则执行语句 2，否则就执行语句 3。

2．循环语句

（1）while 语句

while 语句的格式如下：

　　　while(表达式){循环语句；}

当表达式为真时，执行 while 语句的内嵌循环语句。

（2）do…while 语句

do…while 语句的格式如下：

　　　do){循环语句;

　　　}while(表达式);

先执行循环语句，然后再判断表达式是否为真，保证了循环语句至少执行一次。

（3）for 循环

for 循环的调用格式如下：

　　　for(初始化表达式;循环条件;递增表达式){

　　　循环语句;}

习题

1．填空题

（1）Flash 中的"行动"面板可分为＿＿＿＿＿＿和＿＿＿＿＿＿两种。

（2）给某帧设置了 gotoAndPlay（1），该动作命令表示＿＿＿＿＿＿＿＿＿＿。

（3）在 Flash ActionScript 2.0 中可以控制影片继续播放和停止的两个函数是＿＿＿＿和＿＿＿＿。

（4）on 事件函数一般作用到＿＿＿＿实例上，通过触发某个事件，处理相应的程序。

（5）getURL 函数的作用是＿＿＿＿＿＿。

2．选择题

（1）Flash action "fscommand" 的意义是＿＿＿＿。

　　A．停止所有声音的播放　　　　　　　　B．跳转至某个超级链接地址 URL

　　C．发送 fscommand 命令　　　　　　　　D．装载影片

（2）在 Flash ActionScript 2.0 中设置属性的命令是＿＿＿＿。

　　A．setPolity　　　B．Polity　　　　C．getProperty　　　D．setProperty

（3）Flash ActionScript 2.0 可接受的当鼠标放在按钮上时产生效果的鼠标操作是＿＿＿＿。

　　A．press　　　B．release　　　C．releaseOutside　　　D．rollOver

（4）Flash ActionScript 2.0 中的 duplicateMovieClip 指的是＿＿＿＿。

　　A．删除已复制的电影剪辑　　　　　　　B．删除电影剪辑

C．移动电影剪辑　　　　　　　　　　　D．复制电影剪辑

（5）在以下几种对象中选出可以添加动作语句的对象是_____。

A．形状对象　　　B．电影剪辑元件　　　C．图片　　　　D．群组对象

3．思考题

（1）在 Flash 文档中添加动作脚本的对象有哪些？

（2）简述你对 Flash 中函数的理解。

实训十三　交互式动画的创建——"动作"面板操作、动作脚本基本语法

一、实训目的

1．了解"动作"面板操作，了解一些常用的动作脚本的使用。

2．在按钮上添加动作脚本制作交互效果。

3．在影片剪辑对象上添加动作脚本制作交互效果。

二、操作内容

1．应用影片剪辑元件和 ActionScript 2.0 脚本实现如图 11.47 所示的变幻图形效果。

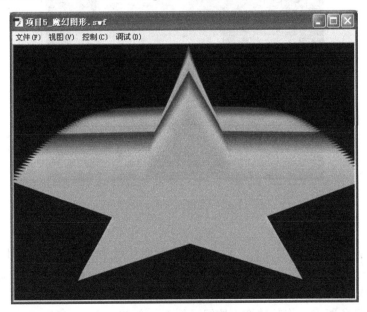

图 11.47　变幻图形效果

（1）新建一个文档。

（2）新建一个图形元件，在其中绘制一个五角星。

（3）新建一个影片剪辑元件，在其中制作一个五角星变换颜色的动画。

（4）返回场景，将影片剪辑元件拖入图层 1 的第 1 帧。在"属性"面板中设置实例名称为"KK"。选择第 2 和第 3 帧，插入关键帧。

（5）选择第1帧，在"动作"面板中输入以下代码：

```
i=1;
setProperty("kk",_visible,false);
setProperty("kk",_alpha,0);
```

（6）选择第1帧，在"动作"面板中输入以下代码：

```
duplicateMovieClip("kk",i,i);
setProperty(i,_y,getProperty(i-1,_y)+i/10);
setProperty(i,_alpha,getProperty(i-1,_alpha)+3);
setProperty(i,_xscale,getProperty(i-1,_xscale)+4);
i++;
```

（7）选择第1帧，在"动作"面板中输入以下代码：

```
if (i<=50) {gotoAndPlay(2);
}else {stop();}
```

2．运用按钮元件和 on()函数，实现滑过消失的动画效果，如图 11.48 所示。

图 11.48　滑过消失的动画效果

（1）新建一个文档文件。

（2）将"向日葵.jpg"图片导入到库中。设置图片尺寸与舞台一样，且与舞台对齐。

（3）新建一个影片剪辑元件，命名为"元件1"。在元件窗口中绘制长、宽均为"50px"的无边框黑色矩形。

（4）选中黑色矩形，将其转换为按钮元件，并命名为"元件2"。

（5）在影片剪辑"元件1"的第10帧插入关键帧，调整第10帧上的黑色按钮元件的"Alpha"值为"0%"。

（6）在影片剪辑"元件1"的第1帧创建传统补间动画。

（7）分别在影片剪辑"元件1"的第1帧和第10帧上添加动作代码"stop()"。

（8）选择影片剪辑"元件1"的第1帧，单击场景中的按钮元件实例"元件2"，打开"动作"面板，添加动作代码：on(rollover){gotoAndPlay(2);} 。

（9）返回到场景，在"图层 1"的上方创建新图层并命名为"图层 2"。将库中的"元件 1"影片剪辑拖到"图层 2"的第 1 帧上，复制多个并使之覆盖整个舞台范围，利用对齐工具将其全部排列整齐。

（10）保存文件，命名为"滑过消失动画效果.fla"，测试影片，即可得到滑过消失的效果。

3．本任务主要是应用 Flash 中的日期、时间函数功能完成"电子时钟"动画制作，其效果如图 11.49 所示。

图 11.49 "电子时钟"

（1）新建一个 Flash 文件，尺寸为 300 像素×120 像素，画布颜色为白色。

（2）绘制一个边框蓝色填充无色的矩形，导入"兔子"图片。

（3）新建一图层，绘制三个动态文本，在其"属性"面板的变量框中分别输入 DATE1、WEEK1、TIME1。

（4）选择帧，添加动作脚本：

```
_root.onEnterFrame=function(){
    mydate = new Date();
    myyear = mydate.getFullYear();
    mymonth = mydate.getMonth()+1;
    myday = mydate.getDate();
    myhour = mydate.getHours();
    myminute = mydate.getMinutes();
    mysec = mydate.getSeconds();
    myarray = new Array("日", "一", "二", "三", "四", "五", "六");
    myweek = myarray[mydate.getDay()];
    DATE1=myyear+"年"+mymonth+"月"+myday +"日";
    WEEK1="星期"+myweek;
    TIME1=myhour +":"+myminute +":"+mysec;}
```

第 **12** 章

作品的发布和导出

⮞ 12.1 项目 1 文件的发布

12.1.1 任务 1：将影片发布为"SWF 文件"

一、任务说明

本任务主要讲解在完成动画的制作后如何生成 swf 格式的文件。单击菜单项"文件"/"发布设置"，打开"发布设置"对话框，在其中选择保存位置，选择并命名输出的文件，勾选发布类型，即选择"Flash（.swf）"就可完成该操作。

二、任务步骤

1. 新建一个"酷炫的汽车.fla"文件。
2. 在其中使用引导层动画制作一个闪光球沿着汽车外轮廓流动的效果，如图 12.1 所示。
3. 单击菜单项"文件"/"发布设置"，打开"发布设置"对话框，如图 12.2 所示。

图 12.1 "酷炫的汽车.fla"文件

图 12.2 "发布设置"对话框

4．选择保存位置，输入保存的文件名，"发布"类型选择"Flash（.swf）"，如图 12.3 所示。

图 12.3 设置文件名和发布类型

5．单击"确定"按钮。

6．单击菜单项"文件"/"发布"，即可完成.swf 格式文件的发布。

三、技术支持

下面介绍"导出 Flash Player"对话框的选项设置。

1．播放器。单击下拉菜单，从"播放器"下拉菜单中可以选择一个播放器版本。

2．脚本。选择动作脚本版本，如图 12.4 所示。

3．JPEG 品质。若要控制位图压缩，则调整"JPEG 品质"滑块或输入一个值。图像品质越低，生成的文件就越小；图像品质越高，生成的文件就越大。请尝试不同的设置，以便确定在文件大小和图像品质之间的最佳平衡点；值为 100 时，图像品质最佳，压缩比最小。

若要使高度压缩的 JPEG 图像显得更加平滑，则选择"启用 JPEG 解决"。此选项可减少由于 JPEG 压缩导致的典型失真，如图像中通常出现的 8 像素×8 像素的马赛克。选中此选项后，一些 JPEG 图像可能会丢失少量细节。

4．音频流、音频事件。要为.swf 文件中的所有声音流或事件声音设置采样率和压缩，可单击"音频流"或"音频事件"旁边的设置按钮，然后在"声音设置"对话框中选择"压缩"、"比特率"和"品质"选项，如图 12.5 所示，完成后单击"确定"按钮。

5．高级。单击"高级"选项，打开如图 12.6 所示的对话框。在其中可以对相关参数做进一步设置。

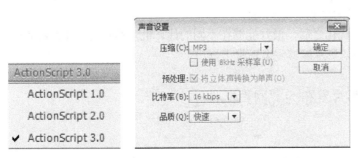

图 12.4 选择动作脚本版本　　图 12.5 "声音设置"对话框　　图 12.6 "高级"对话框

6. 影片的优化。

所谓影片的优化，就是指在影片发布之前或上传到网络上与其他人共享之前对影片进行的最后检查与操作，以尽可能使影片文件空间不会太大。

在影片发布过程中，虽然软件会自动对影片进行一些优化，但这种功能性的优化有着相当的局限性。因而人工的优化就显得尤为重要。这种优化分为以下几种途径。

（1）元件的优化

对于重复使用的对象，如图形或动画片断等，应尽可能使用元件。这样，如果多次重复使用元件，也只占用一个元件的空间。而且还要删除库中多余的未使用的元件。

（2）文本的优化

在同一个影片中，使用的字体应尽量少，且字号也要应尽量小，这样能有效地减小文件所占用空间。另外，最好不用嵌入字体，因为它们会增加影片的大小。如果一定要使用"嵌入字体"选项，则只选中需要的字符，不要包括所有字体。

（3）尽量使用补间动画

在动画制作中，尽量使用补间动画，而少用逐帧动画，因为逐帧动画使用的关键帧较多，而所有的关键帧均占用空间，而普通帧则不占用空间。

（4）位图的使用

Flash 支持从外部导入图像，且支持位图和矢量图。因为矢量图一般比位图文件要小，所以应尽量使用导入矢量图。而且，应尽量少使用导入的位图制作动画。一般只将位图作为背景等静态的元素。

（5）颜色的优化

选择色彩时，应尽量使用颜色样本给出的颜色，因为这些颜色属于网络安全色。如果要制作颜色的变化，应尽量在"属性"面板中对由一个元件创建出的多个实例的颜色进行不同的设置。应尽量减少使用渐变颜色填充，因为它比实色填充所需要的空间大。

（6）声音的优化

因 MP3 格式的文件是存放声音的文件中最小的，故在使用声音文件时应尽可能使用 MP3 格式的文件。

（7）代码优化

尽量使用局部变量。在定义局部变量的时候，要用关键字 var 来定义。因为在 Flash 播放器中局部变量的运行速度更快，而且在它们的作用域外是不消耗系统资源的。局部变量可以更快地被播放器存取，当函数结束时可以被及时销毁。在局部变量够用时，不要使用全局变量。应尽可能使用本机函数：本机函数要比用户定义的函数运行速度更快。应将经常重复使用的脚本操作定义为函数，提高速度。

最后，在对影片文件进行优化之后，最好能够在不同的计算机、不同的操作系统和网上进行多次测试，以确保所制作的影片能够完全正常工作。

12.1.2 任务 2：将影片发布为"网页文件"

一、任务说明

本任务介绍将制作完成的动画影片发布为网页文件。

二、任务步骤

1. 打开"酷炫的汽车.fla"文件。

2. 单击菜单项"文件"/"发布设置",打开"发布设置"对话框。

3. 选择保存位置,输入保存的文件名命名称,勾选发布类型,即选择"HTML 包装器",如图 12.7 所示。

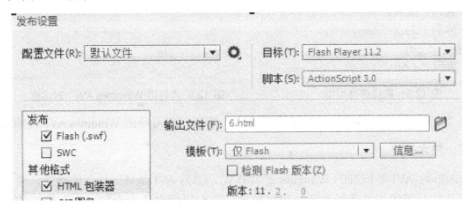

图 12.7 "发布设置"对话框

4. 单击"发布"按钮即可完成 HTML 格式文件的发布。

12.2 项目 2 文件的导出

12.2.1 任务 1:将影片导出为"Windows AVI 视频文件"

一、任务说明

本任务主要讲解在完成动画的制作后如何生成 avi 格式的视频文件。单击菜单项"文件"/"导出"/"导出影片",打开"导出影片"对话框,在"文件名"后的文本框中输入要命名的文件名称,在"保存类型"下拉列表中选择"Windows AVI(*.avi)"即可。

二、任务步骤

1. 打开"酷炫的汽车.fla"文件。

2. 单击菜单项"文件"/"导出"/"导出影片",打开"导出影片"对话框。

3. 在对话框中选择保存位置,输入保存的文件名称,选择保存类型为"Windows AVI",如图 12.8 所示。

4. 单击"保存"按钮,打开如图 12.9 所示的"导出 Windows AVI"对话框。

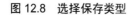

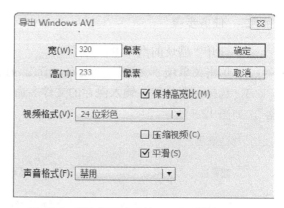

图 12.8 选择保存类型   图 12.9 "导出 Windows AVI"对话框

5．默认或者设置参数，最后单击"确定"按钮，即可导出 Windows AVI 视频文件。

三、技术支持

Windows AVI 是标准的 Windows 影片格式。因为 AVI 是基于位图的格式，所以如果动画影片的时间较长或者影片的分辨率较高，则导出的文件也会较大。在打开的"导出 Windows AVI"对话框中可以设置以下主要参数选项。

- 尺寸：可以指定导出的 AVI 影片的帧的宽度和高度（以像素为单位）。如果选择"保持高宽比"，则可以确保所设置的尺寸与原始图片保持相同的纵横比。
- "视频格式"选项：可以选择颜色深度。
- "压缩视频"选项：选中后会弹出一个对话框，用于设置按标准的 AVI 进行压缩。
- "平滑"选项：选中后会在导出 AVI 影片的同时消除其锯齿效果。消除锯齿可以生较高质的位图图像。
- "声音格式"选项：可以设置音轨的采样比率和大小。采样比率和大小越小，导出的文件就越小，但是可能会影响声音品质。

12.2.2 任务 2：将影片导出为"GIF 动画"类型的文件

一、任务说明

本任务介绍将制作完成后的影片导出生成"GIF 动画"类型的文件格式。

二、任务步骤

1．打开"酷炫的汽车.fla"文件。

2．单击菜单项"文件"/"导出"/"导出影片"，打开"导出影片"对话框。

3．选择保存位置，输入保存的文件名称，在"保存类型"下拉列表中选择"GIF 动画（*.gif）"，如图 12.10 所示。

4．单击"保存"按钮，打开如图 12.11 所示的"导出 GIF"对话框。

5．默认或者设置相关的参数，单击"导出"按钮，即可导出 GIF 动画文件。

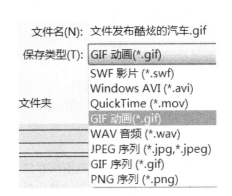

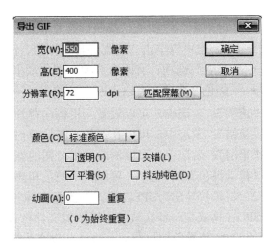

图 12.10　选择保存类型　　　　　图 12.11　"导出 GIF"对话框

三、技术支持

在"导出 GIF 动画"对话框中可以设置以下主要参数选项。

- "分辨率"选项：是按照每英寸的点数（dpi）为单位设置的。可以输入一个分辨率，也可以单击"匹配屏幕"按钮，使用屏幕分辨率。
- "颜色"选项：导出图像的颜色数量设置有三种方式，即黑白，4 色、6 色、16 色、32 色、64 色、128 色或 256 色，标准颜色（标准 216 色，对浏览器安全的调色板）。此外，也可以选择"交错"、"平滑"、"透明"或"抖动纯色"。
- 动画"选项：仅在使用 GIF 动画导出格式时才可用，可以输入重复的次数。如果设置为 0，则无限次重复。

12.2.3　任务 3：将影片导出为静态单帧图像文件

一、任务说明

本任务介绍将制作完成后的影片发布为 gif、jpeg、png、bmp 格式的图像文件。

二、任务步骤

1. 打开"酷炫的汽车.fla"文件。
2. 单击菜单项"文件"/"导出"/"导出图像"，打开"导出图像"对话框。
3. 选择保存位置，输入保存的文件名称，在"保存类型"下拉列表中选择"GIF 图像"即可。
4. 单击"保存"按钮，打开"导出 GIF"对话框，如图 12.12 所示。
5. 默认或者设置相关参数，单击"确定"按钮，即可导出 GIF 图像文件。

三、技术支持

1. "导出 GIF"对话框的设置
- 尺寸：该项可以设置导出的位图图像的宽度和高度值。

- "分辨率"选项：是按照每英寸的点数（dpi）为单位设置的。可以输入一个分辨率，也可以单击"匹配屏幕"按钮，使用屏幕分辨率。
- "包含"选项：有两个选项，即"最小影像区域"和"完整文档大小"。
- "颜色"选项：有以下四个选项。

"透明"：若选中，可以设置应用程序背景的透明度。

"交错"：若选中，可以在下载 GIF 文件时，在浏览器中逐步显示该文件。

"平滑"：若选中，可以消除导出位图的锯齿，从而生成较高品质的位图图像。

"抖动纯色"：若选中，可以抖动纯色和渐变色。

2．将影片导出为 JPEG 格式的图像文件

JPGE 格式是一种高效的压缩图像文件格式。发布为该格式文件，是把图形存储为高压缩比的 24 位颜色的位图。其方法与发布为静态的 GIF 文件一样。所不同的是此时打开"导出 JPEG"对话框，如图 12.13 所示。可以在该对话框中设置相关参数完成导出。

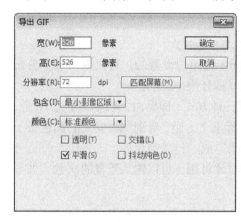

图 12.12 "导出 GIF"对话框

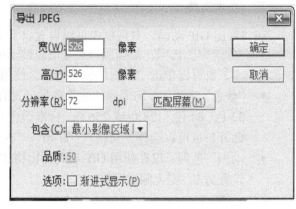

图 12.13 "导出 JPEG"对话框

3．将影片发布为 PNG 格式的图像文件

将影片文件发布为该格式文件时，打开"导出 PNG"对话框，如图 12.14 所示。

4．将影片发布为 BMP 格式的图像文件

将影片文件发布为该格式文件时，打开"导出位图"对话框，如图 12.15 所示。

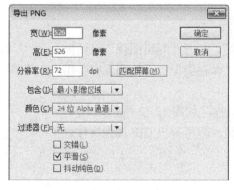

图 12.14 "导出 PNG"对话框

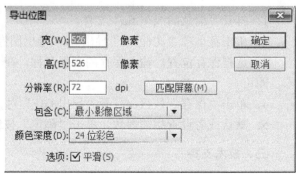

图 12.15 "导出位图"对话框

12.2.4 任务 4：将影片导出为序列文件

一、任务说明

本任务介绍将制作完成后的影片发布的影片发布为序列文件。

二、任务步骤

1. 打开"酷炫的汽车.fla"文件。
2. 单击菜单项"文件"/"导出"/"导出影片"，打开"导出影片"对话框。
3. 选择保存位置，输入保存的文件名称，选择保存类型为"GIF 序列文件"。
4. 单击"保存"按钮，打开如图 12.16 所示的"导出 GIF"对话框。

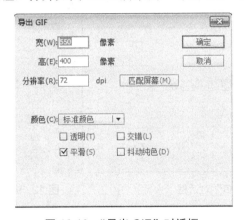

图 12.16 "导出 GIF"对话框

5. 单击"确定"按钮，即可导出 GIF 系列文件，如图 12.17 所示。

图 12.17 GIF 序列文件

三、技术支持

1．将影片发布为 JPEG 序列图像文件

将影片发布为该格式文件的方法与发布为 GIF 序列文件的一样。所不同的是打开"导出 JPEG"对话框，如图 12.18 所示。默认或者设置参数，单击"确定"即可完成导出 JPEG 序列文件。

2．将影片发布为 PNG 序列图像文件

发布为该格式文件的方法与发布为 GIF 序列文件的一样。所不同的是打开"导出 PNG"对话框，如图 12.19 所示。默认或者设置参数，单击"确定"按钮即可完成导出 PNG 序列文件。

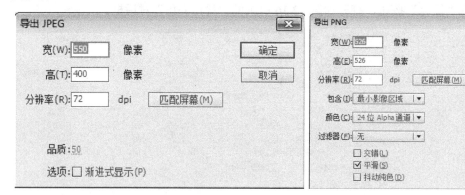

图 12.18 "导出 JPEG"对话框　　　　图 12.19 "导出 PNG"对话框

12.3 项目 3 生成"Sprite 表"

任务：将影片导出为"Sprite 表"

一、任务说明

本任务介绍将制作完成后的影片发布为 Sprite 文件。

二、任务步骤

1．打开在第 9 章的实训中制作完成的"电话.fla"文件。

2．选择舞台中的"电话"元件，鼠标右击，在弹出的菜单中选择"Sprite 表"。

3．此时打开"生成 Sprite 表"对话框，如图 12.20 所示。

4．在该对话框中，左边列表显示舞台中所有的实例对象名，此时本文档的舞台中只有一个按钮元件实例，且在当前选中的元件名称前有"√"。右边的预览窗中是当前这个元件实例的每一帧所形成的单独的位图。因为舞台中是按钮实例，在该按钮中只制作了前三帧，所以也就生成了三个单独的位图。

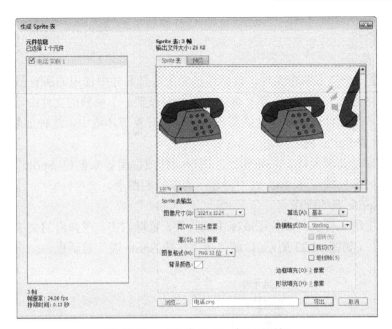

图 12.20 "生成 Sprite 表"对话框

5. 单击"导出"按钮，则在影片文档所保存的路径下自动生成一个"电话.xml"和两个"电话.png"文件，如图 12.21 所示。

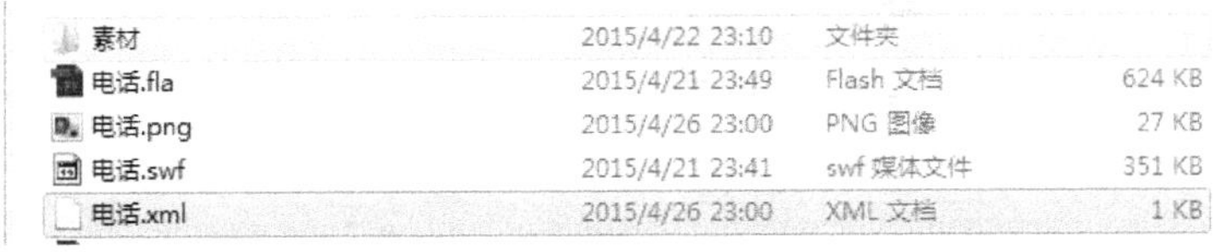

📁 素材	2015/4/22 23:10	文件夹	
🗎 电话.fla	2015/4/21 23:49	Flash 文档	624 KB
🖼 电话.png	2015/4/26 23:00	PNG 图像	27 KB
🗎 电话.swf	2015/4/21 23:41	swf 媒体文件	351 KB
📄 电话.xml	2015/4/26 23:00	XML 文档	1 KB

图 12.21 自动生成一个"电话.xml"和两个"电话.png"文件

6. 双击其中的"电话.png"文档，自动打开"Windows 照片查看器"，可以看到在该.png图片文件中是以平铺网格方式安排图片内容的，如图 12.22 所示。

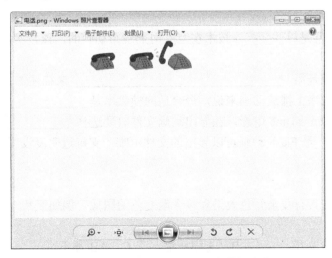

图 12.22 "电话.png"图片文件的内容

三、技术支持

1．Sprite 表

Sprite 表是一个位图图像文件，该文件包含所选择元件中使用的所有图形元素。在文件中以平铺网格方式安排这些元素，将多个图形编译到一个单独的文件中，这样其他应用程序只需加载单个文件即可使用这些图形。在游戏开发等环境中，这种加载十分有用。

2．可以生成 Sprite 表的对象

可以选择影片剪辑元件、按钮元件、图形元件或位图等来创建 Sprite 表。每个位图以及选定元件的每一帧在 Sprite 表中将显示为单独的图形。

3．生成 Sprite 表的操作

选择舞台上的元件实例或位图或库中的元件，鼠标右击，在弹出的菜单中选择"生成 Sprite 表"选项（如图 12.23 所示），即弹出"生成 Sprite 表"对话框。

图 12.23　选择"生成 Sprite 表"选项

习题

1．填空题

（1）Flash 通常是以_____技术在互联网上发布动画的，该技术是目前较为先进的发布方式。

（2）位图图像是用_____来描述的。

（3）对于在网络上播放动画来说，最合适的帧频率是_____。

（4）要播放 QuickTime 电影，在导出动画文件时要选择_____格式。

（5）_____是 Flash 动画可以导出的文件中唯一支持透明度设置（Alpha 通道）的位图格式。

2．选择题

（1）对于那些具有复杂颜色效果和包含渐变色的图像，例如照片，最好使用_____方式进行压缩。

　　　A．JPEG 压缩　　　　B．无损压缩　　　C．AB 都不可以　　　D．AB 都可以

（2）下面关于矢量图形和位图图像的说法正确的是_____。

A．Flash 允许用户创建并产生动画效果的是矢量图形，而位图图像不可以

B．在 Flash 中，用户也可以导入并操纵在其他应用程序中创建的矢量图形和位图图像

C．用 Flash 的绘图工具画出来的图形为位图图形

D．一般来说，矢量图形比位图图像大

（3）作为发布过程的一部分，Flash 将自动执行某些电影优化操作_____。

A．正确　　　　　　　　　　B．错误

（4）在 Internet Explorer 浏览器中，通过_____技术来播放 Flash 电影（SWF 格式的文件）。

A．DLL　　　　B．COM　　　　C．OLE　　　　D．Active X

（5）以下关于序列文件说法正确的是_____。

A．序列文件可以位于不同的文件夹中

B．序列文件的格式可以不同

C．序列文件的格式必须相同

D．picture001.jpg 和 picture2.jpg 是同一序列文件

3．思考题

（1）位图和矢量图的区别是什么？

（2）生成 QuickTime 视频文件要注意哪些问题？

实训十四　影片发布与导出

一、实训目的

掌握将制作好的影片发布、导出为不同类型的文件的方法。

二、操作内容

将第 5 章中的"项目 1 烘焙网站广告.fla"动画文件（如图 12.24 所示），分别导出 SWF 文件、Windows AVI 视频文件、GIF 动画文件、JPEG 图像、PNG 图像、BMP 图像文件和 GIF 序列文件。

图 12.24　"项目 1 烘焙网站广告.fla"动画文件

综合案例

▶ 13.1 项目 1 制作"网络购物广告动画"

13.1.1 项目说明

利用所给图片素材,编写适当的动作脚本,制作如图 13.1 所示的网络购物广告动画。

图 13.1 项目 1_网络购物广告动画

13.1.2 操作步骤

1. 新建一个 Flash ActionScript 2.0 文档,背景色为"白色",尺寸为"550 像素×400 像素"。

2．单击菜单项"文件"/"导入"/"导入到库"，将"素材"文件夹下的 5 张图片文件导入到库。

3．新建三个影片剪辑元件，分别命名为"元件 1"、"元件 2"和"元件 3"。进入这三个影片剪辑元件的编辑窗口，使用文本工具分别输入文本"甜品网"、"新浪网"和"淘宝网"，如图 13.2、图 13.3 和图 13.4 所示。

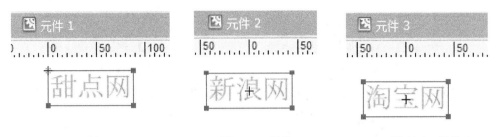

图 13.2　元件 1　　　　　图 13.3　元件 2　　　　　图 13.4　元件 3

4．新建一个按钮元件，命名为"小木偶"。在其编辑窗口中，选择"弹起"帧，绘制一个圆角矩形，矩形填充颜色为白色。在矩形内输入"小木偶"文本，设置文本颜色为"橙色"，20 号，如图 13.5 所示。如图 13.6 所示，选择"指针"帧插入关键帧，将文本颜色改为白色，圆角矩形的填充颜色为"橙色"。选择"按下"帧，插入帧。

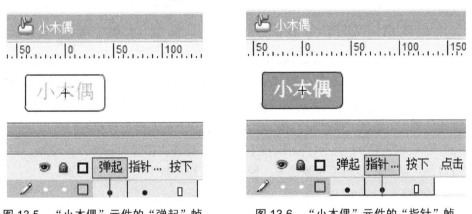

图 13.5　"小木偶"元件的"弹起"帧　　　图 13.6　"小木偶"元件的"指针"帧

5．新建一个按钮元件，命名为"透明 Q"。在其编辑窗口中，选择"弹起"帧，绘制一个圆角矩形，矩形填充颜色为白色。在矩形内输入"透明 Q"文本，设置文本颜色为"橙色"，20 号，如图 13.7 所示。如图 13.8 所示，选择"指针"帧插入关键帧，将文本颜色改为白色，圆角矩形的填充颜色为"橙色"。选择"按下"帧，插入帧。

6．新建一个按钮元件，命名为"三层糕"。在其编辑窗口中，选择"弹起"帧，绘制一个圆角矩形，矩形填充颜色为白色。在矩形内输入"三层糕"文本，设置文本颜色为"橙色"，20 号，如图 13.9 所示。如图 13.10 所示，选择"指针"帧插入关键帧，将文本颜色改为白色，圆角矩形的填充颜色为"橙色"。选择"按下"帧，插入帧。

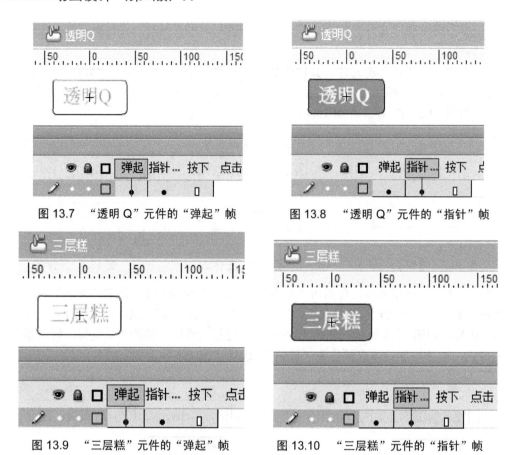

图 13.7 "透明 Q"元件的"弹起"帧　　　图 13.8 "透明 Q"元件的"指针"帧

图 13.9 "三层糕"元件的"弹起"帧　　　图 13.10 "三层糕"元件的"指针"帧

7．新建一个按钮元件，命名为"梅花饼"。在其编辑窗口中，选择"弹起"帧，绘制一个圆角矩形，矩形填充颜色为白色。在矩形内输入"梅花饼"文本，设置文本颜色为"橙色"，20 号，如图 13.11 所示。如图 13.12 所示，选择"指针"帧插入关键帧，将文本颜色改为白色，圆角矩形的填充颜色为"橙色"。选择"按下"帧，插入帧。

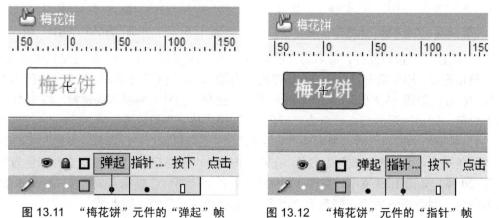

图 13.11 "梅花饼"元件的"弹起"帧　　　图 13.12 "梅花饼"元件的"指针"帧

8．新建一个按钮元件，命名为"果脯卷"。在其编辑窗口中，选择"弹起"帧，绘制一个圆角矩形，矩形填充颜色为白色。在矩形内输入"果脯卷"文本，设置文本颜色为"橙色"，20 号，如图 13.13 所示。如图 13.14 所示，选择"指针"帧插入关键帧，将文本颜色改为白色，圆角矩形的填充颜色为"橙色"。选择"按下"帧，插入帧。

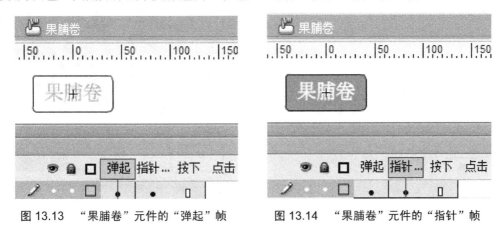

图 13.13　"果脯卷"元件的"弹起"帧　　　图 13.14　"果脯卷"元件的"指针"帧

9．返回场景，选择图层 1 的第 1 帧，使用直线工具在舞台的边缘绘制蓝色细线，在舞台的上方和左下方各绘制一条粗一些的蓝色实线。将"库"面板中的"元件 1"、"元件 2"和"元件 3"拖入其中，如图 13.15 所示。

10．在图层 1 的上方新建图层 2，选择该图层的第 1 帧，将"库"面板中的"小木偶"、"透明 Q"、"三层糕"、"梅花饼"和"果脯卷"五个按钮元件拖入，如图 13.16 所示。

11．选择图层 1 和图层 2 的第 100 帧，插入帧。

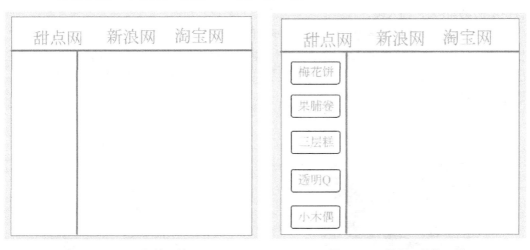

图 13.15　图层 1 的第 1 帧　　　　　　　图 13.16　图层 2 的第 1 帧

12．在图层 2 的上方新建图层 3，选择该图层的第 1 帧，在"属性"面板的"标签"栏的"名称"文本框中输入帧标签"p1"，如图 13.17 所示。继续选择该帧，将"库"面板中的图片"小木偶.jpg"图片拖入舞台，调整其大小为适合，使其位于舞台的右下方，如图 13.18 所示。选择该图层的第 20 帧，插入帧。

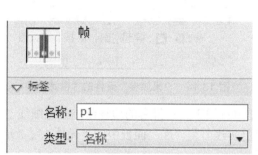

图 13.17　输入帧标签"p1"

图 13.18　图层 2 的第 1 帧

13．在图层 3 的上方新建图层 4，选择该图层的第 21 帧，在"属性"面板的"标签"栏的"名称"文本框中输入帧标签"p2"。继续选择该帧，将"库"面板中的图片"透明 Q.jpg"图片拖入舞台，调整其大小和位置与图层 3 中的图形一样，如图 13.19 所示。选择该图层的第 40 帧，插入帧。

14．在图层 4 的上方新建图层 5，选择该图层的第 41 帧，在"属性"面板"标签"栏中的"名称"文本框中输入帧标签"p3"。继续选择该帧，将"库"面板中的图片"三层糕.jpg"图片拖入舞台，调整其大小和位置与图层 4 中的图形一样，如图 13.20 所示。选择该图层的第 60 帧，插入帧。

图 13.19　图层 4 的第 21 帧

图 13.20　图层 5 的第 41 帧

15．在图层 5 的上方新建图层 6，选择该图层的第 61 帧，在"属性"面板的"标签"

栏的"名称"文本框中输入帧标签"p4"。继续选择该帧,将"库"面板中的图片"果脯卷.jpg"图片拖入舞台,调整其大小和位置与图层 4 中的图形一样,如图 13.21 所示。选择该图层的第 80 帧,插入帧。

16.在图层 6 的上方新建图层 7,选择该图层的第 81 帧,在"属性"面板的"标签"栏的"名称"文本框中输入帧标签"p5"。继续选择该帧,将"库"面板中的图片"梅花饼.jpg"图片拖入舞台,调整其大小和位置与图层 5 中的图形一样,如图 13.22 所示。选择该图层的第 100 帧,插入帧。

图 13.21 图层 6 的第 61 帧

图 13.22 图层 7 的第 81 帧

17.选择舞台中的"小木偶"按钮,打开"动作"面板,在其中输入如下代码:
```
on (release) {
        gotoAndPlay("p5");
}
```

18.选择舞台中的"透明 Q"按钮,打开"动作"面板,在其中输入如下代码:
```
on (release) {
        gotoAndPlay("p4");
}
```

19.选择舞台中的"三层糕"按钮,打开"动作"面板,在其中输入如下代码:
```
on (release) {
        gotoAndPlay("p3");
}
```

20.选择舞台中的"果脯卷" 按钮,打开"动作"面板,在其中输入如下代码:
```
on (release) {
        gotoAndPlay("p2");
}
```

21.选择舞台中的"梅花饼"按钮,打开"动作"面板,在其中输入如下代码:
```
on (release) {
        gotoAndPlay("p1");
}
```

22. 该项目案例制作完成，保存文档，测试影片。

13.2 项目2 "少儿学英语交互动画"的制作

13.2.1 项目说明

本项目运用 ActionScript 2.0 脚本制作替换鼠标、文本和交互动画，其效果如图 13.23 所示。

图 13.23 "少儿学英语交互动画"效果

13.2.2 操作步骤

1. 新建一个 Flash ActionScript 2.0 文档，背景色为"白色（#FFFFFF）"，尺寸为"550 像素×400 像素"。

2. 单击菜单项"文件"/"导入"/"导入到库"，打开"导入到库"对话框，选择"素材"文件夹，按住 Shift 键选择本例中用到的所有图片文件和声音文件："背景 1.jpg"、"背景 2.jpg""苹果.jpg"、"梨.jpg"、"葡萄.jpg"、"桃.jpg"、"声音 1.wav"和"声音 2.wav"，单击"打开"按钮，将需要的文件导入到库中。

3. 创建三个按钮元件，分别命名为"进入"、"退出"、"确定"，分别进入这三个按钮元件窗口，编辑这三个按钮。这三个按钮元件的"弹起"、"指针"和"按下"帧都相同，效果如图 13.24、图 13.25 和图 13.26 所示。

图 13.24　"进入"按钮　　　　图 13.25　"退出"按钮　　　　图 13.26　"确定"按钮

4．选择"进入"按钮元件，新建一个图层，选择"按下"帧，插入关键帧，将"库"面板中的声音文件"声音 1"拖入该帧。选择"退出"按钮元件，新建一个图层，选择"按下"帧，插入关键帧，将"库"面板中的声音文件"声音 1"拖入该帧。选择"确定"按钮元件，新建一个图层，选择"按下"帧，插入关键帧，将"库"面板中的声音文件"声音 2"拖入该帧。

5．新建图形元件，命名为"圆环"。进入"圆环"元件的编辑窗口，在中间位置绘制如图 13.27 所示的橙色圆环。

6．新建影片剪辑元件，命名为"圆环放大"。进入该元件的编辑窗口，在图层 1 的第 1 帧上添加"stop"语句。在第 2 帧插入空白关键帧，将库中的"圆环"元件拖到第 2 帧舞台上。在第 5 帧处插入关键帧，修改"圆环"元件使之放大，并将其"Alpha"值修改为"0%"。在第 2～5 帧之间创建补间动画，使之产生逐渐放大并消失的效果。

7．新建影片剪辑元件，命名为"鼠标"。进入该元件的编辑窗口，在其中绘制鼠标，并设置填充为渐变色，形状、位置如图 13.28 所示。

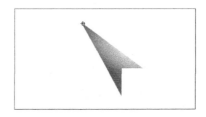

图 13.27　绘制圆环效果　　　　　图 13.28　绘制的鼠标形状、位置

8．在"鼠标"元件中，新建"图层 2"，且将该图层移到图层 1 的下面。

9．选择图层 2 的第 1 帧，将库中的"圆环"元件拖到舞台上，并设置其 X、Y 坐标值分别为"0"。

10．新建影片剪辑元件，分别命名为"a"、"b"、"c"、"d"。分别进入"a"、"b"、"c"、"d"编辑窗口，将"库"面板中的图片"苹果.jpg"、"梨.jpg"、"葡萄.jpg"、"桃.jpg"分别拖入，分别设置图片的尺寸为 180 像素×180 像素。且分别在拖入的图片上方输入文字"太棒了！你答对了！"，效果如图 13.29、图 13.30、图 13.31 和图 13.32 所示。

11．新建"e"影片剪辑元件。进入其编辑窗口，在其中输入"加油哦！请再输入！"文字字样，设置文本字号 26，红色，如图 13.33 所示。

12．新建"标题文字"影片剪辑元件。进入其编辑窗口，在其中输入"少儿学英语"文字字样，设置文本字号 70，字间距为 26，颜色分别为红色、绿色、蓝色、粉色和橙色。也可以将该串文字制作合适的动画效果，如图 13.34 所示。

图 13.29　元件"a"的效果

图 13.30　元件"b"的效果

图 13.31　元件"c"的效果

图 13.32　元件"d"的效果

图 13.33　元件"e"的效果

图 13.34　元件"标题文字"的效果

13．返回场景，将"图层 1"重命名为"背景"。选择第 1 帧，将库中的"背景 1"图片拖入到场景中，设置其大小为"550 像素×400 像素"，X、Y 坐标值分别设置为"0"、"0"。

14．在"背景"图层的上方新建图层，命名为"内容"。选择该图层的第 1 帧，将"库"面板中的"进入"、按钮和影片剪辑元件"文字标题"拖入其中。

15．在"内容"图层的上方新建图层，命名为"鼠标"，选择该图层的第 1 帧，将库中的"鼠标"影片剪辑元件拖入到场景，效果如图 13.35 所示。

16．选中舞台中的"鼠标"影片剪辑元件，在"属性"面板上修改其实例名称为"mouse"，如图 13.36 所示。

图 13.35　图层 2 和图层 3 的内容 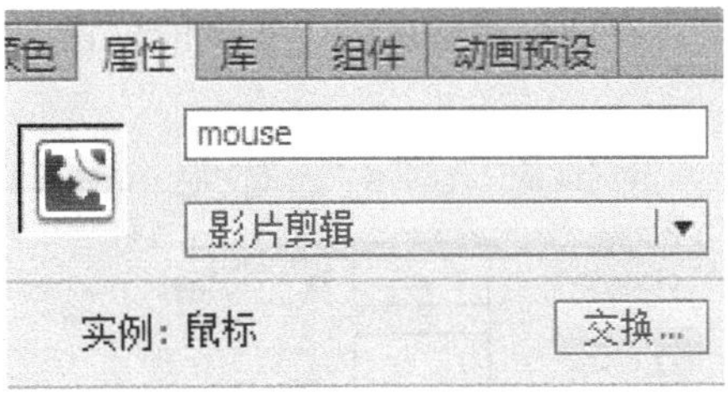　　　　图 13.36　设置实例名称

17. 选择"进入"按钮元件，打开"动作"面板，在其中输入代码，如图 13.37 所示。

18. 在"鼠标"图层的上方新建图层，命名为"动作"。选择该图层的第 1 帧，打开"动作"面板，在其中输入动作代码，如图 13.38 所示。

```
on(release)
{gotoAndPlay(2);}
```

图 13.37　输入代码

```
stop();
fscommand("fullscreen", "true");
Mouse.hide();
startDrag("_root.mouse", true);
_root.mouse.onMouseDown = function() {
        _root.mouse.circle.gotoAndPlay(2)
};
```

图 13.38　输入代码

19. 选择"背景"层的第 2 帧，插入空白关键帧。将"库"面板中的"背景 2.jpg"文件拖入舞台，设置图片尺寸与舞台一样且平铺舞台。

20. 选择"内容"层的第 2 帧，插入空白关键帧。将"库"面板中的按钮元件"退出"拖入到场景。选择文本工具，输入文本"请根据给出的英语单词写出中文"，设置文本属性：黑体，36，红色。再输入文字"1.apple"、"2.pear"、"3.peach"、"4.grapes"。再选择文本工具，在"属性"面板中选择"输入文本"，如图 13.39 所示。在舞台中输入四个文本框。效果如图 13.40 所示。

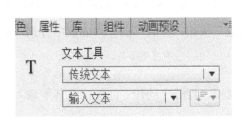

图 13.39　选择"输入文本"

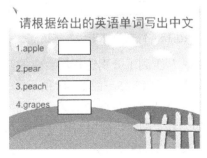

图 13.40　"内容"图层的第 2 帧效果

21．从上至下依次选择四个输入文本框，分别在其"属性"面板中设置输入实例名称为"text1"、"text2"、"text3"和"text4"。

22．选择"内容"层的第2帧，将"库"面板中的"确定"按钮拖入四次到舞台中，如图13.41所示。再将"库"面板中的影片剪辑元件"a"、"b"、"c"、"d"和"e"拖入到舞台右边，调整这五个实例的位置，使其重叠，如图13.42所示。

图13.41 拖入四个"确定"按钮　　图13.42 拖入"a"、"b"、"c"、"d"和"e"元件

23．分别选择舞台中"a"、"b"、"c"、"d"和"e"五个元件实例，分别在其"属性"面板中设置输入实例名称为"a"、"b"、"c"、"d"和"e"。

24．选择"内容"图层的第2帧，将"库"面板中的"退出"按钮拖入舞台，如图13.43所示。选择舞台中的"退出"按钮，打开"动作"面板，在其中输入动作脚本，如图13.44所示。

```
on(release)
{gotoAndPlay("1");
}
```

图13.43 拖入"退出"按钮　　图13.44 为"退出"按钮元件添加动作代码

25．从上到下分别选择舞台中的四个"确定"按钮，在其"动作"面板中分别输入动作脚本，如图13.45～图13.48所示。

26．在"鼠标"图层的第2帧插入关键帧。

27．在"动作"图层的第2帧插入空白关键帧，打开"动作"面板，在其中输入动作脚本，如图13.49所示。

28．至此，该交互动画制作完毕，保存文件，命名为"项目2_少儿学英语交互动画"。

```
on (release, keyPress "<Enter>") {
    i =string(text1.text)
    switch (i) {
    case "苹果" :
        _root.a._visible = true;
        _root.b._visible=false;
        _root.c._visible=false;
        _root.d._visible=false;
        _root.e._visible=false;
        break;

    default :
        _root.e._visible = true;
        _root.b._visible=false;
        _root.c._visible=false;
        _root.d._visible=false;
        _root.a._visible=false;

    }
}
```

图 13.45 为第一个"确定"按钮添加代码

```
on (release, keyPress "<Enter>") {
    j =string(text2.text)
    switch (j) {
    case "梨" :
        _root.a._visible = false;
        _root.b._visible=true;
        _root.c._visible=false;
        _root.d._visible=false;
        _root.e._visible=false;
        break;

    default :
        _root.e._visible = true;
        _root.b._visible=false;
        _root.c._visible=false;
        _root.d._visible=false;
        _root.a._visible=false;

    }
}
```

图 13.46 为第二个"确定"按钮添加代码

```
on (release, keyPress "<Enter>") {
    k =string(text3.text)
    switch (k) {
    case "桃" :
        _root.a._visible = false;
        _root.b._visible=false;
        _root.c._visible=true;
        _root.d._visible=false;
        _root.e._visible=false;
        break;

    default :
        _root.e._visible = true;
        _root.b._visible=false;
        _root.c._visible=false;
        _root.d._visible=false;
        _root.a._visible=false;

    }
}
```

图 13.47 为第三个"确定"按钮添加代码

```
on (release, keyPress "<Enter>") {
    l =string(tex4.text)
    switch (l) {
    case "葡萄" :
        _root.a._visible = false;
        _root.b._visible=false;
        _root.c._visible=false;
        _root.d._visible=true;
        _root.e._visible=false;
        break;

    default :
        _root.e._visible = true;
        _root.b._visible=false;
        _root.c._visible=false;
        _root.d._visible=false;
        _root.a._visible=false;

    }
}
```

图 13.48 为第四个"确定"按钮添加代码

```
stop();
_root.a._visible=false;
_root.b._visible=false;
_root.c._visible=false;
_root.d._visible=false;
_root.e._visible=false;
text1.text="";
text2.text="";
text3.text="";
text4.text="";
```

图 13.49 在"动作"图层的第 2 帧添加代码

实训十五　综合案例片头制作

综合运用所学知识，制作出如图 13.50 所示的动画片头。

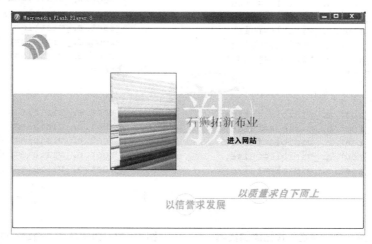

图 13.50　片头效果

附录 A 课程设计项目

"项目 1" 使用 Flash 制作一个 1 分钟左右的手机或者化妆品广告片

1．项目要求

使用已掌握的 Flash 设计技术及技巧，进行基本的设计创作。根据所安排的课题项目，设计出比较优秀、具有创意的 Flash 手机或者化妆品广告作品。

2．相关内容提示

广告内容为：手机或者化妆品。

3．制作要求

（1）主题内容健康积极。

（2）在广告中要灵活应用所学 Flash 的技巧进行创作。

（3）广告片要有很强的动感，镜头切换要流畅。

（4）要突出广告商品的性能和特点。

（5）以 Flash 为主要创作工具，可辅助使用其他软件以及部分音乐素材。

（6）应用色彩应合理，画面布局要得当。

（7）允许对其他作品进行模仿，但只能使用部分图片素材，不能照搬。

"项目 2" 自选题材，制作 2～3 分钟主题健康的公益广告作品

1．项目要求

使用已掌握的 Flash 设计技术及技巧，进行基本的设计创作。根据所安排的课题项目，设计出比较优秀、具有创意的公益广告作品，如吸烟有害、节能减排等。

2．相关内容提示

该广告内容为任选主题的公益广告。

3．制作要求

（1）主题内容健康积极。

（2）在广告中要灵活应用所学 Flash 的技巧进行创作。

（3）广告片要有很强的动感，镜头切换要流畅。

（4）要突出广告的性能和特点。

（5）以 Flash 为主要创作工具，可辅助使用其他软件以及部分音乐素材。

（6）应用色彩应合理，画面布局要得当。

（7）允许对其他作品进行模仿，但只能使用部分图片素材，不能照搬。

"项目 3" 成语故事小动画片的制作

1．项目要求

使用已掌握的 Flash 设计技术及技巧，进行基本的设计创作。根据所安排的课题项目，设计出比较优秀、具有创意的成语小动画片。

2．相关内容提示

任选一个成语，根据该成语制作小动画片，如"刻舟求剑"等。

3．制作要求

（1）主题内容健康积极。

（2）在动画片中要灵活应用所学 Flash 的技巧进行创作。

（3）动画片要有很强的动感，镜头切换要流畅。

（4）要突出广告商品的性能和特点。

（5）以 Flash 为主要创作工具，可辅助使用其他软件以及部分音乐素材。

（6）应用色彩应合理，画面布局要得当。

（7）允许对其他作品进行模仿，但只能使用部分图片素材，不能照搬。

"项目4"　交互式作品的设计：幼儿学数字

1．项目要求

使用已掌握的 Flash 设计技术及技巧，进行基本的设计创作。根据所安排的课题项目，设计出适用于学前儿童学习 1～10 数字的作品。

2．相关内容提示

制作一个交互式的学习 1～10 数字的小游戏。

3．制作要求

（1）主题内容健康积极。

（2）在小游戏中要灵活应用所学 Flash 的技巧进行创作。

（3）作品要有很强的动感，镜头切换要流畅，且画面要适合于学前儿童的心理特点。

（4）要突出作品的交互性。

（5）以 Flash 为主要创作工具，可辅助使用其他软件以及部分音乐素材。

（6）应用色彩应合理，画面布局要得当。

（7）允许对其他作品进行模仿，但只能使用部分图片素材，不能照搬。